推薦序 王品是文化大學

企業文化大家一起來學。在王品集團裡，一年要召開超過 300 場會議，要辦理 1,800 位主管和眷屬的王品家族大會，要舉辦 6,000 位同仁的國外旅遊，11,000 位同仁的集團尾牙……

王品人要修三百學分——「遊百國、登百岳、嚐百店」；還有登玉山、泳渡日月潭、鐵騎貫寶島、半程馬拉松、登 EBC，全年多次的「三鐵活動」……

這些活動和數字，不僅非常有趣，還很有意義，而且大都跟王品集團管理部有關連，而該部門主管正是黃國忠副總 Tom。

管理部可以說是集團內與所有同仁關係最密切的部門，舉凡公司內部大大小小的會議與活動，都要靠管理部來安排；管理部正是凝聚同仁向心力，建立王品企業文化的重要部門。

王品集團的三鐵活動，已經成為獨特的企業文化，每年舉辦都是盛況空前、場場爆滿，讓王品人「敢拚、能賺、愛玩」的 DNA，在每個人身上流竄。

王品集團每年的同仁國外旅遊，是公司固定行程之一，近半年的出團過程，是同仁最開心、興奮的時刻；而年底尾牙，更是集團上下最期待的日子，一年辦得比一年精彩，讓所有同仁久久不能忘懷。

王品集團的企業文化能夠如此獨特，管理部功不可沒，Tom

用創意和藝術來領導、管理、執行每一項工作，企業文化得以深耕落實。

此外，王品人要有「五個一」，就是每個人一生中要能「出一本書，拿一個獎，買一棟房子，退休後有一筆存款可花，還要活到一百歲」。這是所有王品人努力的目標。

這「五個一」，讓王品人的生活變得充實有意義，尤其「出一本書」，絕對是生命中值得驕傲和紀念的事，也是所有王品主管致力追求的一件事。

王品人的認真和創意，在工作中一點一滴地建立起來，能夠「把平凡的事，做到不平凡」，就是行政藝術的重要精神。

將對的事堅持下去，你也可以變得不平凡！這是王品人的精神，也是這本書訴說的精神。

戴勝益
王品集團董事長

新一代文創服務力

過去二十年來，台灣產業型態轉換迅速，如今服務業佔台灣GDP 比重已然超過七成，約略六百萬人數的服務大軍們，勾勒著台灣經濟的半壁江山。如何從幅員廣闊、物種繁多的二十一世紀服務業中脫穎而出，除了知識以外，善用文化及創意，將是致勝未來的關鍵。

然而，將文化資本、文化建設與創意概念演繹發展成為產業資源，並不是一項簡單的工程，必須要有可以駕馭不同領域、具備超越視野的人力資源投入，才能創造實質永續的產出。所以，掌握人才脈動就是未來產業成敗的第一前提，而以現前服務業的態勢，各產業都須仰賴兩種文化服務人才投入，一是原創型文化服務力，另一是管理型文化服務力。

王品的管理部，也可稱得上是一種新興的管理型文化服務力。

王品集團改變了台灣餐飲服務業的形象與生態，而由黃國忠先生所領導的王品管理部，正是這場改變的主要供氧機，以源源不絕的創意與生機，凝聚起一個規模上萬人的餐飲集團，使得王品集團全職同仁的離職率維持在 5% 以下，在流動率奇高的餐飲人力市場中創下令人印象深刻的超低紀錄，可謂厥功甚偉。

雖然只有寥寥數名成員，負責的也是一般公司庶務性的例行活動，但由於黃副總將王品重視顧客的企業文化，延伸至服務「內部顧客」，也就是集團員工身上，並發展出一套「行

政藝術化」的工作邏輯，不但為集團節省了數以百萬計的成本，還創造了十倍奉還的宣傳效益。

更重要的是，王品管理部也是企業文化的擘畫者，扮演著製造、篩選並傳遞王品文化的核心角色。例如，凝聚共識是塑造企業文化的重要手段之一，此道理人人皆知，但如何能夠像王品集團一樣，將之貫徹到十多個不同的事業單位，不可不佩服其行政管理的效率與用心。

以一個外人的角度來看，「辦活動」是王品管理部的最大強項，而讓公司的內部活動，變成集團的外部宣傳，更是他們的強中之強。按照喜好藝術的黃副總親身說法，「行政藝術化，就是要把活動辦得有原創性、創新性、主題性、記憶性、藝術性和收藏性，一個好活動就像一幅好畫作，要主題明確、與眾不同，還要推陳出新，才能讓參與者印象深刻，留下美好的回憶。」他們正是運用文化概念來包裝企業活動與日常行政，再從中深化集團與員工之間的向心力與協作力。

黃副總所領導的王品行政團隊，恰恰代表著一個結合文化素養、企劃專才、行銷概念與公共意識的管理型文化服務力，也是一個使文創資本轉換為企業經營資本的成功實例，不只是對於餐飲與行政相關從業人員饒有助益，相信也值得各行各業不同部會層級的人士同心關注、共尋啟發。

陳立恆
法蘭瓷總裁

企業發展模式的核心能力

拜讀國忠兄的大作真是使我感到非常興奮，閱讀本書就好像看了一場好萊塢電影，溫馨、勵志、刺激、精彩而且完全沒有冷場，真正好看也真正佩服！

敝人與王品集團結緣甚深，除了在各種領獎場合上見識到王品人每次領獎的梗都不一樣（這就是行政單位的創意），連我單身上台時台下加油聲也大到不行（王品團隊的熱情）；擔任「王品之師」去台中總部演講分享服務業的體會，也學習到王品中常會的制度（演講一次但年節禮品不斷）；2006年礁溪老爺酒店承辦王品年度家族大會，更見識到王品人做事的認真努力精神！這一切的背後，都有國忠兄與他的行政團隊無私付出的努力，值得喝采。

我常在演講時分享一個觀念，大家在台灣各個角落享受便利商店的良質服務同時，不知道有沒有思考過：便利商店能開到三、五百家，是商業模式的成功；但要開到三、五千家，則是發展模式的成功，而發展模式最核心的能力就是消費者看不到的各項後台行政能力。本書的出版，正是完整地說明了這一個關鍵。

王品的成功，除了戴董事長的企業理念、各品牌經理人的卓越經營能力之外，運作良好的制度，正是維繫了這個龐大組織在國內外發展的重要因素！台灣過去對於此項歐美企業能夠跨足國際的能力並不重視，幸而在台灣服務業發展邁向區域化、國際化的此時，此書的出版提供了絕佳的參考與啟

發。

恭喜國忠兄也恭喜王品集團，希望能以每日平凡的專注努力，使彼此達到更不平凡的境界！默默地走著，帶領我們走到從未到過的地方！

沈方正
老爺集團執行長

王品文化背後的藝術推手

開餐廳，既非高科技產業，亦難有高成長的機會，加上進入障礙不高，差異化競爭也不難，因此，要開一家有特色的餐廳，基本上不難；但要能夠將餐廳經營規模化，甚至發展成為集團事業，那就不是一件容易的事了。

王品集團，自 1993 年由一群異業的朋友共同創業以來，雖然前八年不見大幅成長，但 2001 年為因應單一品牌（王品牛排）的業務萎縮，遂展開多品牌、甚至多市場的複製發展。迄今王品已成為旗下擁有 13 個定位各異、價位不同的品牌，年營收近 150 億元、市值約 300 億的餐飲集團；王品的成功更激勵了許多餐飲服務同業的上市，也使得餐飲服務成為不少新鮮人的優先就業選擇。

王品除了多品牌差異化策略與有感服務奏效外，企業內強調的「一家人文化」與其所衍生的獨特管理制度，更構成王品不易被模仿的無形優勢。例如：王品集團力行每月分紅、員工關懷措施，要求經理人必須「日行萬步」、「一年嚐百家餐廳」、「一生遊百國」，甚至完成「王品新鐵人三項」，更制定「王品憲法」與「龜毛家族條款」等自律規定，以及每週中常會議決重大事項等內在機制。而支持這些管理制度能夠有效運行，除了領導人的理念與決心外，本書作者國忠兄所領導的行政管理團隊，正是王品文化的幕後重要推手。

國忠兄在本書中用了五部、四十四個小段子，分別從行政管理在王品組織裡所扮演的角色，負責的重大行政事項，以及

能夠成功有效地完成行政工作的態度、心法與方法，精彩地解析了組織行政執行力的根源。

如同王品以真心服務顧客著稱，王品的行政管理把員工「當做顧客服務」，一方面運用管理的「規劃─執行─考核」循環，以求其「真」；二方面，充分站在被服務方的需求考慮，以盡其「善」；最後，再以藝術的觀點設計行政服務的提供過程，以成其「美」。結合真善美，使得王品的行政管理得以創造「內部同仁滿意、外部社會注意、公司名聲得意」的三贏局面，更成為國忠兄口中的「藝術品」。

本書對於行政管理的詮釋，不僅讓我們再度確認「管理不是把事情做對（do the things right），而是要做對的事（do the right thing），甚至是要把對的事情做優（do the right thing right!）」，更重要的是，作者以其畢生從業的功力，讓我們了解到行政管理執行力的「眉角」在哪裡，而這些「眉角」正是「管理的藝術」所在。

最後，感謝國忠兄透過出書與讀者分享王品的軟實力，除了讓行政管理成為令人佩服的專業外，更讓我們對於王品這家「以人為本」的企業有深一層的認識。

李吉仁
台灣大學國際企業學系教授
兼台大創意與創業學程主任

一個改變我與團隊的故事

歷經 2014 年不安的餐飲環境，第一線同仁對顧客用心服務之際，壓力與挫折相對增加。這股沉悶的士氣，終於在春節業績回穩下，漸如撥雲見日。其實最重要的是同仁國外旅遊正如火如荼展開，去年王品同仁的日本沖繩線出團高達4,839 人，沖繩縣政府觀光協會還特別來台頒發獎狀給我們（單一企業出團沖繩最高紀錄）；今年的吳哥窟之旅又創下830 多人出團人數，另設計的「杜拜 + 英國雙國遊」，已有旅行社納入了主推長程路線。

不要輕忽這樣一個旅遊設計，這是讓企業所有同仁認為工作幸福的重要指標，也是讓夥伴在未來用心服務顧客的熱情動力，更是我所帶領的團隊最重要的使命。

2011 年完成登聖母峰基地營時，戴勝益董事長當著共同全程挑戰的同仁面前，分享他一生中最驕傲的十件事，他要我們也寫下人生最想完成的十件事。我將「出書」列入我要努力達到的目標。歷時三年多的規劃與書寫，如今這本記錄著生命與工作中刺激與挑戰經歷的書，絕對是我人生中最值得驕傲的十件事之一。

這本書是王品行政團隊十幾年來的學習筆記，記錄著在不同時期的發想與執著、探索與啟發，還有創造工作價值的心血點滴。這本書分享的是一個改變我與團隊的故事，當我們的工作面臨了這些瓶頸，我們做了哪些改變，如何挑戰難以突破的自我障礙，重新發現不同作為的可能。希望這本書也能

激勵出你的工作熱情，激發出生命潛能與無限創意。把工作視為創作，就能利用本身天賦，結合既有經驗，運用想像力與藝術之道，將問題迎刃而解，創造屬於你和團隊的榮耀！

此書以藝術創作概念做為書寫的根基，藝術創作提供我內在心靈的穩定，透過藝術來修復、更新、轉變及調整自己所面對的工作情緒，安撫疲憊不堪的心靈，再藉由想像力去尋找工作新意義，勇敢面對工作上的各種冒險，永遠懷抱希望，挖掘機會。感謝我的藝術啟蒙老師張培鈞，觸發我的創作DNA，甦醒我的藝術靈魂。

我常想知道自己的人生有多少能耐，所以不斷挑戰及測試自我潛能，有計畫並特意尋求人生突破點，這些過程都是需要無比耐心與毅力來完成。從游泳、繪畫、攝影、行政工作，到目前的出書等，每一項都非我原本專長，有些是跨領域的挑戰，根本不是上幾門課就立時可以學以致用，還必須經常與心中的障礙拉扯，才能逐一克服困境，進階突破。不能讓辛苦的汗水與淚水輕易淹沒我們的決心，想要擁有比別人更好的機會，就要激勵自己比別人更認真。

感謝戴勝益董事長給我的貼身指導與全力支持，他給同仁們訂下「王品人生命中的『五個一』」，就是每個人一生中要能「出一本書，拿一個獎，買一棟房子，有一筆足夠存款在退休後可用，還要活到一百歲」。他很認真說，我們也努力做。「領導無他，榜樣而已」，他把王品人的故事都編好了，

我們努力配合，完成劇情演出，持之以恆推動企業文化，也朝著自己的人生目標前進。

感謝陳正輝副董事長在我轉換職務時的震撼教育，不必說好聽的話，是他的一貫作風，直接又實在，不對、不好就直接砲轟，反而讓我徹底了解創業精神就該如此。他的教誨，字字句句都妥善留在我的皮夾內，給我尋求超越的無比動力。

感謝王國雄副董事長引領我進王品，管理部成立之初只有兩人，要統包集團內部財務、人事、資訊及行政大小事，讓我了解創業過程中勤儉持家的重要。王副董更是在我工作最低潮時，給予我最大支持的主管，感謝他的充分授權，讓我得以自由發揮。

感謝三姐戴錦娥副總，她是最支持我完成任務的人，總是幫我排除萬難，任何疑難雜症找上她就能迎刃而解。感謝兩岸的中常會成員，對於管理部提出的企劃案都能嚴格審核，這種近乎挑剔的訓練，時時刻刻提醒我做事要更周延，處事也才得以更圓融。

感謝王品集團各事業處的店長、主廚及二代菁英，每月的提案挑戰，陪著管理部同仁一起進步與成長。感謝一萬一千多名同仁一起演活這齣王品長壽戲，期待我們可以持續增加劇情、擴編陣容、延伸場景，每個王品故事，都需要你們的盡情揮灑。

感謝秘書組團隊，認真扮演事業處主管及夥伴的得力助手，同時傳承管理部精神，「用心服務，使命必達」，總是能獲得事業處主管肯定，專業表現讓我的行政工作無後顧之憂。

感謝親愛的老婆及兩個女兒，妳們讓我勇敢做自己愛做的事，讓我能充滿活力去挑戰潛能，並且陪伴我解決人生中的困境，全心全力投入這份工作中。

感謝這十幾年來用青春歲月奮力守護管理部職責的王品行政團隊，用最少人員編制發揮最大戰力，共同完成許多艱困的專案。即使我們曾被資遣或降職，甚至因暫時無法突破而選擇退出，之後又因對這份工作的熱愛而再次回到崗位上，這些不為人知、奮戰不懈的認同感，一起執行王品「敢拚、能賺、愛玩」企業文化的辛酸和甜蜜過往，讓我們愈戰愈勇。看到管理部夥伴頭髮白了，身材也不復以往，讓我心中非常不捨，但我相信，這些用汗淚交織而成的故事，值得讓以後的我用更多筆墨書寫下去。

2014年底的食安風暴，重挫王品經營二十年的企業形象，面對如此艱難的環境，我們唯有客觀檢討自己。在彼此砥礪、反省革新的冷暖過程，我們堅持的行政管理厚實底蘊從未消失——要用微觀之心，與社會互動；只要自己在意，小事即是大事。

最後，我想告訴讀者，對大部分的公司而言，行政服務並無任何產值可言，但這當中所產出的工作價值，就是行政團隊

全心投入所傳遞出的正面能量，使被服務的人有所感受，在忙碌與疲憊之餘能因此露出喜悅的面容，伸展雀躍的肢體。「從服務者的溫度獲得療癒的力量」，這就是行政工作者戰戰兢兢所追尋的代價與成就！

第一部

重塑
你的職場態度

沒有「痛」，
哪來「疼」!?

01

沒有聲音的麥克風

1995 年，我加入了王品集團，以財會的專業角色統籌公司財務管理職掌。當時公司草創之初，我必須身兼人事、資訊、行政等工作，其實就是統包的管理部，除了要建構公司制度規章外，也主導資訊系統開發。

特別是王品集團與眾不同的企業文化正如火如荼地執行中，尤其公司選擇多元化發展，早上開樂園會議，中場是博物館會議，下午追加西式餐飲經營會報，中途又穿插中式烤肉餐飲例會，一整天下來，要經歷所有的經營情境。管理業務不只多彩多姿，更讓人眼花撩亂。當時沒有一套制度可以遵循，一切都在調整建構階段。創業之初一個人得當五個人用，沒有現在完整的組織與編制，但我還是懷念那段痛苦卻奮發圖強的日子。

1999 年是惡夢的年代，某次主管聯合月會進行到一半，麥克風沒有聲音，雖然這樣的場景常常發生在任何企業之中，當時擔任行政主管的我，也很有擔當地宣示：「如果下一次聯合月會麥克風又沒聲音，自請處分！」

沒想到麥克風在下次聯合月會又出狀況，我的主管王副董當場發飆，並宣告只要再發不出聲音，一分鐘就罰一千元！總算搞定麥克風後，惡運還沒結束，發送的資料凌亂不堪、位置安排錯誤、發言程序不當……等，讓整個行政會議程序不順且狀況百出。

當下我在所有主管面前顏面丟盡，心情鬱悶到谷底。會後，

我依照承諾將處分書送出，董事長也毫不手軟地簽下：「如擬」。

這個故事說明，行政工作做得再好，不容易被人發現，認為一切理所當然；但只要出點小差錯，立即被人用放大鏡檢視。雖然不太合理，卻是現實狀態。

董事長及陳副董曾在中常會資料中寫下讓我難堪且永生難忘的文字，那些日子心情沮喪，心中想做好，但總是不如所願。明明簡單的行政事務為何無法做好？到底是出了什麼狀況？我是專業管理人又是研究所畢業，為什麼把自己搞成這樣？

行政工作吃力又不討好，也是我一直排斥的工作，但心中充滿一定要成功的企圖心與意志力，決定在哪裡跌倒就從那裡再爬起來，一定要做到令人激賞。我只能一切重頭做起，做到行政是令人感動與受人尊敬的工作。

勇於突破四步驟

如今回想那段灰暗日子，是讓我激發出潛能，在既定的行政束縛中破繭而出的關鍵：

▶掌握預兆，改變自己：痛，往往是一種預兆，告訴我們某些事情該改變了。要展開新工作的轉捩點，往往需要經歷巨大的痛苦、失望、責罵及落寞。面對責罵、無奈與傷心的時候，我們很容易忘記它，然而那正是我們最需要被點醒的關鍵。這是外在與內心現實告訴我們哪裡得要改變，千萬不要逃避，應該借力使力，激發潛能。

▶重返榮耀，強化自信：面對無比挫折感時，我重新省視以

前曾讓我感到榮耀過的人、事、物，尋找自信與信念。我回到母校，觀看我奮發向上的學習企圖心；我回到服務過的公司，尋找初入社會時奮戰不懈的熱情；我翻閱每次人生戰役留下來的軌跡。莫忘記成長奮鬥過程及度過困境的經驗，最後一定要有重返榮耀的企圖心。

▶莫忘初衷，堅定不移：為了活下去，每個人都需要回到自己最深處的本質。我重新思考來到王品集團的初衷，由製造業跨入服務業，為自己人生豎立嶄新的挑戰，如果做不出成績，怎能輕言放棄？

▶轉化挫折，專注創作：當工作尊嚴受到打擊時，轉而思考如何將工作與創作結合，會為自己投入的時間和過程帶來豐碩的回饋。把挫折與失敗的注意力，從悲傷與無奈中轉向專注眼前工作的精進與挑戰，可以減輕失敗的痛苦。這樣的轉變，讓我更專注於「行政藝術化」的創作，而有突破性進展。唯有藝術，可以做為理性與感性之間的溝通橋樑；透過藝術，可以將被視為「理所當然」的行政作為，化為具有「存在價值」的感性行政。

難堪的指責雖已事過境遷，我仍打字放在皮夾內，隨時激勵自己。

投入才能改變

在《疼痛，才叫青春——迎接美好未來的 36 個人生指南》這本書中，作者金蘭都曾描述畫家芙烈達·卡蘿的故事。經歷兩次流產、七次脊椎手術、右腿截肢，以及自己丈夫和親妹妹令人絕望的背叛，痛苦不堪的卡蘿藉由作畫來抒發悲情。除了被傷得體無完膚的靈魂和軀體之外，她只剩下雙手是自由的，而作畫就是她唯一的最後選擇。

卡蘿靠著不屈不撓的意志和驚人的創作天分，打破了墨西哥女性在世界畫壇上只能靠邊站的玻璃圍牆，驕傲地躋身畫壇巨匠之列。她作畫的信念就是支撐她面對困頓人生的一種「投入」。我深受這個故事啟發，從不氣餒現況工作的壓力與挫折，最重要的是掌握預兆，改變自己。

沒有「痛」，哪有現在受人讚美，被「疼」（台語ㄊㄧㄚˋ）的感覺！

行政素描

器量狹窄的人會被逆境馴服、壓倒，但胸懷大志的人卻能凌駕其上。
——華盛頓·歐文（Washington Irving）

遇到問題，就是給你全力以赴的機會。——艾靈頓公爵

你急欲擺脫的今天，可能是別人求之不得的一天。——金蘭都

短暫的落後，不代表永遠的失敗。—— Tom

以小博大，
所以劇情精彩

五人小組的挑戰

面對公司同仁數已超過 11,000 人，全台灣近 300 家店的工作挑戰，王品的行政團隊秉持「以最少人力，創造最多服務價值」的理念持續前進，為公司給我們的使命與任務奮戰不懈。

在管理部的工作過程充滿意外與驚奇，我們唯一的任務就是耐心扎根，默默等候同仁的認同，如樹木等待甘霖一樣。我們希望努力被看到和了解，而讓我們能保持服務初衷的，就是「以小博大，創造精彩過程」的付出。我們以五人組織要做多少事？

一年要召開超過 300 場會議。

一年要辦理 2,500 多人的王品家族大會。

一年要辦理 6,000 多人的同仁國外旅遊，還要創造 95% 以上滿意度。

一年要辦理 11,000 多人的集團尾牙。

一年要辦理 10 幾梯次、500 多人的王品新鐵人活動（登玉山、泳渡日月潭、鐵騎貫寶島、半程馬拉松、登 EBC），只為同仁圓夢計畫。

一年要處理 100 多件公司商標案件。

一年要寄出 1,000 多件廠商信函。

一年要管理 300 多萬張禮券。

一年要處理 400 多件提案。

一年要貼出 20,000 多張郵票。

一年要訂總部 50,000 多個便當。

管理部就是「以最少人力，創造最大價值」，為各部門服務，義不容辭。

要執行王品集團年度策略規劃專案。

要統籌全公司保險、保全、法律、商標等各項業務執行。

要為王品爭取榮譽獎項，至今已拿下 20 多個獎。

還要妥善服務許多單位及同仁的行政支援工作。

這些年，王品集團的行政事務，我們五個夥伴全包了！

這還不包括隨時可能出現的危機事件處理，負擔起不屬於特定部門的任務。但我們堅持：「需要我們挺身而出，當然義不容辭。」

王品集團還有一群統籌各事業處行政管理的秘書組編制，他們是事業處所有行政事務的總舵手，也是秉持管理部「以最少人力，創造最大價值」的精神，全力以赴為事業處打拚。

一次與台大 EMBA 團隊分享辦理泳渡日月潭活動的經驗時，才知道我們是以 5 比 30 的人力配置，來做相同的事務性專案。這強烈的對比，讓我驚覺到王品行政團隊的行政能量，

管理部職掌表

副總經理（1人）

行政管理組（4人）

企業文化與形象
- 對外企業競賽
- 對外贊助（視狀況參與）
- 王品新鐵人活動：攀登玉山（每年）、泳渡日月潭（每年）、鐵騎寶島（每年）、馬拉松21公里（每年）
- 年度致廠商函（每年）
- 企業文化（每月）
- 外賓參訪處理

家人經營與關係
- 集團尾牙活動
- 王品家族大會活動
- 同仁國外旅遊活動（每年）
- 三節禮品發放（每年三次）
- 職工福利委員會（每月）

集團會議管理
- 中常會（每週）
- 聯合月會（每月）
- 總部同仁大會（每月）
- 總部主管會議（每月）
- 集團行事曆管理（每年）

獎助學金管理
- 戴勝益同仁及子女獎助學金（每月）
- 戴勝益同仁急難救助（隨時）
- 戴勝益同仁安心基金會（每月）
- 三鷹同仁教育獎學金（每年）
- 李森斌同仁子女獎學金（每年）
- 王國雄急難救助金（隨時）

事業處業務
- 禮券庫存管理（隨時）
- 保全業務（隨時）
- 產物保險業務（隨時）
- 企業體像作業（每年）
- 一般法律（中信）
- 商標專利（大東）

總部辦公室管理
- 門禁管理（半年）
- HQ硬體設備管理（資訊設備除外）
- 倉庫管理
- 環境管理
- 會議室管理
- 便當管理
- 信件寄收作業
- 設備耗材管理（文具採購管理）
- 大樓委員會
- 總機業務

制度規劃組（1人）
- 集團策略規劃
- 總部31Q（每季）
- 工作管理平台
- 管理部網員
- 集團政令佈達（每週）
- 「提案制度」
- 協助大陸事宜
- 海外專案事宜
- 其他專案

秘書業務組（9人）
- 二代菁英會議（含提案管理）
- 主管會報（含HQ提案管理）
- 事業處主管秘書（13個品牌主管）
- 經營會報
- 主管交辦事務溝通、追蹤、管理
- 事業處活動
- 事業處策略會議

確實具有驚人的實力。

工作的五大原動力

我們以小博大征服各大小戰役，其實來自以下能力：

▶多元思考力：多元化思考是從各種角度觀察事物的方法。持續擴充團隊的多樣化任務，藉由多樣化的領域訓練與實戰經驗，透過服務更多不同對象，為組織培養更寬廣、更具有高度的工作執行觀念，就是多元化思考的培育重點。當然，成功的唯一方法就是行動，在多元化思考後，更要積極出手、勇於任事。

▶藝術創造力：擁有出色的創造力，便能隨機應付工作當中各式各樣的事務，如：處理公事、召開會議、清潔環境等，都是在使用「工作創造力」。這是可以隨時啟動、與生俱來的創造力。但應該進一步努力，將「工作創造力」變成「藝術創造力」，也就是職業藝術家的創作行為。

經由訓練、實務及經驗，運用行政創作過程中不同階段的成就，產生更多沒有人想到的做法，創造出更好的行政作品。「工作創造力」與「藝術創造力」不是對立而是延續，創造力來自均衡的生活，只有透過努力，才能脫穎而出。

▶激發忍耐力：忍耐力是讓我們在重重任務挑戰或阻礙下，仍然可以忍受煎熬、堅定意志、勇敢前進的熱情力量。忍耐力需要投入、控制與挑戰。投入就是參與；而決定題材在作品上出現的時機，需要控制力。有忍耐力才能面對難度極高的行政事務，也是與人性之間的不斷拔河過程。

工作中要不斷接受挑戰，也要有自我修護的機制。圖為王品新鐵人之鐵騎貫寶島，參與者為自己打氣。

▶韌性爆發力：羅素曾說：「有才能的人有時會變得無能，是因為個性上容易猶豫不定，與其猶豫不定，乾脆就選擇失敗。」韌性是被重大的壓力苦苦相逼之時，卻依然保持朝氣十足的能力。韌性是一個動態過程，它具有防衛機制，會修正我們對危機的反應，而讓人生有所變化。

王品的行政團隊不會因一時挫折而感到失落，反而會產生一股繼續挑戰、爭取榮耀的韌性。

▶勝出成就力：轉敗為勝，要有足夠智慧。莎士比亞說：「每個人的體內都藏著『不滅的渴望』，就是勝出。」因此，我們不斷挑戰新的人數限制、新的場地變化、新的行政設計，藉由不斷定位自己，相信自己為公司做事所產生的效益。並

非每次任務都會圓滿成功，但經過改進、調整及設計，完成前次未被認同的缺點，或在設定情況下「勝出」，我們總是非常自信地互相打氣。

人是傳達團隊精神與優質服務的介面，唯有質量並重的人力資源，才能完整而具體地突顯團隊品牌價值。管理部一直堅持工作可以多做，凡事追求最佳組合績效的態度。透明的團隊經營，如白開水或空氣般存在，它不需要被提醒，也不需要被限制，就這樣自然流動在彼此之間。

羅伯特（Robert Root-Bernstein）在《天才的 13 個思維工具》（*Spark of Genius*）中，提到做雕塑或設計時，不能設限觀看者的角度，而是要考量多數人同時觀看的情形。以小博大的劇情總是精彩，我們也要從不同角度與思維中，再創我們的行政作品。

行政素描

光是看著水面，是過不了海的。──泰戈爾

任何事情只要你認為辦得到就開始吧，而大膽的行動中藏著天分、力量及魔法。──歌德

向白雲學習如何彈性變化，向海水學習如何廣納百川，向高山學習如何屹立不搖，向空氣學習如何無所不在；在組織中找到認同，需要勇氣與力量。── Tom

付出多少努力，就代表獲得多少力量。── Tom

沒有不可能，
只有你不能

泳渡日月潭的驚人秘密

王品集團有個傳統，活動主辦人一定要身先士卒參與。有一天董事長要我辦公司泳渡日月潭活動，我才驚覺「慘了」！

這個秘密全公司同仁都還不知道。我身高 183 公分，加上運動體能好，肺活量不錯，在泳池可以一口氣直接游 25 公尺，但我卻不會換氣，是個不折不扣的旱鴨子。

我真的是「剉列等」，但又不好意思向董事長說「不」。眼看日期一天天逼近，壓力也愈來愈大。我只能一口氣游 25 公尺，泳渡日月潭卻是 3,300 公尺，而且潭深不見底，我一下水就得面臨溺斃的危機。倘若這節骨眼讓人知道我不會游泳，豈不笑話一樁？最終還是得面對現實，我請教泳技不錯的副董王國雄及曾是游泳校隊的 Samson 教我。

挑戰 3,300 公尺，保守估計得在游泳池連續游三小時不著地才行。於是他們教我最簡單的「抬頭蛙」，簡易換氣，不容易嗆水。「身體放鬆，才能浮起來……」、「撥水、夾水、踢水……」，我的運動細胞向來不錯，雖然四十歲才學游泳，卻只花了數分鐘，就能持續以蛙式前進。

時間一分一秒過去，游了一個多小時後，我開始口乾舌燥，卻又堅持不能停下來喝水，否則將會前功盡棄。在求生意志與不服輸精神交戰的情況下，已經管不得有沒有髒東西，只能喝入游泳池的消毒水止渴。接著我的手腳開始痠疼與僵硬，只好換邊踢或甩手，持續到有點抽筋感時，再改變踢水

早鴨子的我泳渡日月潭，對外需標竿學習，對內則克服恐懼。

方式，利用前進空檔變換踢腳，總算讓我度過第二個小時。此時突然間我竟有融入水中的感覺，划水順暢且不費力，前進時也省力許多。

時間隨著我的泳動前進，當我抬頭看見時針已經走了三個刻度，想順勢停下站起，竟然頭暈腳軟，還因此嗆到水而臉色蒼白。沒想到居然一次就順利成功！我的兩位老師在我上岸後竟調侃說：「你說不會游泳，怎麼一次就游了三小時？」他們在那個晚上見證奇蹟，教會一個原本不會游泳的人，在泳池內連續游了三小時。

雖然第一次學游泳就上手，但日月潭的深不見底依然讓我感到恐懼。剛好那年的同仁旅遊去泰國普吉島，其中一段行程是搭船到海中釣魚，我想試試在海中游泳的膽量。囑咐好船家，如果我遇到任何危險，請立即投擲救生圈並下水救我，之後我便一躍而下。入水當下，海水冰涼與深不見底的恐懼直襲我的腦門，但我試著讓全身放輕鬆，依蛙泳方式前進，慢慢地將恐懼感排除，當我想起已經忘記要害怕的那一剎，我篤定自己可以泳渡日月潭了。

主動做標竿學習

我從不會游泳的人到現在已泳渡日月潭四次,並持續數十年為王品集團籌辦「泳渡日月潭」活動,為每年數百名參與同仁進行泳測及經驗分享,這讓我深刻體會,行政工作沒有不可能的任務,要辦活動一定得身先士卒,才會獲得信服。

又如,第一次幫戴董事長申請「創業楷模獎」時,因為之前沒有申請獎項經驗,不知從何著手,心中也有恐慌與掙扎,畢竟這是台灣創業家的重要獎項,若是送件後文不對題、或未能有效表達怎麼辦?想得獎又怕落獎的心情衝擊著我,當時曾一度想放棄,反正沒主動申請,公司也不會知道,但一股想為董事長爭取榮耀的企圖心相當旺盛,我決定直接向青創協會求助及學習。

我花了一天時間窩在青創協會,搞懂申請資格、準備文件及相關時程作業,並向他們借出歷年得獎的創業楷模資料讓我閱讀,由於不能拷貝,只好全憑記憶做重點整合。這就是一種標竿學習,向最佳典範做最有效率的學習。

回來後,我將公司歷年創業文件及董事長創業觀點,花一週時間整理撰寫,運用色彩、圖表和編排技巧,製作一本與眾不同的申請書,還去美術用品社買 A3 專用提袋,將公司文宣手冊一併放入袋內。之後青創協會又向我要了數套申請資料,其實他們就是喜歡我所設計的申請書,連評審委員都愛不釋手。後來戴董果然順利當選當年的創業楷模,也是我啟動王品集團得獎計畫的重要關鍵。誰說不可能?不勇敢挑戰誰都不能。

從恐懼聚集力量

「沒有不可能，只有你不能」的行政態度，讓我體會幾個行政意義：

▶標竿學習：找最好的老師學習最好的技巧，比自己摸索更有效率，且事半功倍。

▶克服恐懼：人生有許多障礙，需要階段性克服，善用每一次學習與體驗的機會，先有計畫，再找方法克服，面對任務的恐懼會愈來愈少。

▶突破潛能：現在不努力破殼，永遠也無法出頭。下定決心很重要，給自己毅力完成更重要，咬緊牙關，痛一下就過去了。但要注意安全防護，無後顧之憂，才能順利突破。

行政是一種自我與團隊潛能的發揮，有方法、有毅力、有學習、有成長，才能創造「沒有不可能，只有你不能」的堅定信念。勇敢去突破現況，延伸更多不可能的行政任務，因為「行政無他，榜樣而已」！

行政素描

遇到「挫折」的機會愈多，「成功」的機會就愈大。
——安麗總裁 劉明雄

不是因為事情困難，我們才不敢；是因為我們不敢，事情才會困難。
——塞尼卡（Seneca）

決定只是開始，堅持完成才是關鍵！—— Tom

計畫趕不上變化，要認真擁抱變化，變成你的最好造化。—— Tom

奮力突破現狀，無論成功
失敗，你獲得的永遠最
多！（青海湖環湖 379 公
里自行車挑戰）

行政像一門
百年工藝美學

04

實用才能見美感

日本工藝研究家柳宗悅曾說：「民眾工藝，特有的溫潤質感總讓人打從心底感到美觀、安心，它們的共通點是實用、耐用、堪用，意即符合了『用之美』。」工藝精髓在於「用之美」三個字，解釋了追求美感的緣由。器物之於人，不是只有消費性和物質性，還要透過「使用性」才能看見美，進而感受美所帶來的心靈撫慰與背後所代表的用心。

行政就像是一門工藝學，除了一般標準作業外，行政實務要讓人眼睛一亮，就像使用一件美好工藝品般，帶來心靈愉悅及貼心感動。

行政美學的四大元素

要讓行政工作成為一門百年工藝，行政人員要重新審視與追求以下精神：

▶ 在粗細中發現精緻：行政工作可說再平凡不過，每個人都會也都能做，但要成為傑出的行政高手，就要強化做事的「頂真」態度。

例如：裝訂書面報告的釘書針很容易割到人的手指，如果能更加細心，把裝訂好的報表重新檢查一下，將訂書針縫線全部壓平，呈現出來的就是精緻度。又如：貴賓來訪時，可再細心將流程及座位圖影印一份放置所有人桌上，除了可讓與會人依安排的位子就坐外，還可以馬上就位置圖上的姓名認識彼此，這也是貼心的表現。

在粗細中發現精緻，不要小看這些能力，這是需要長期練習、持續要求才能展現的行政之美。

▶在無意中發現有意：傑出的行政人員除了對行政流程、作業及服務精神都要一一進行品質控管外，最重要的是要有「眉角」，也就是「敏感度」。

例如：貴賓來訪前，可先詢問飲食習慣，若有茹素貴賓，必先幫忙準備素食。又如：會議中發現有人找紙，馬上遞上白紙；公司慶生宴以「嚴選必吃甜點」堆成蛋糕形狀推陳出新……等。

這就是「在無意中發現有意」的行政作為，讓每個人體會你服務周到之處，在無意間發現驚奇，才是行政美學。

▶在無感中發現好感：行政服務常是例行與循環性事務，也是吃力不討好的工作，但是行政部門卻是公司重要的功能性組織，沒有好的行政管理做銜接與整合，就無法有效發揮整體組織的績效。常見行政態度難免走向制式化或類官僚化，總是少了一點親切感。

卓越的行政人員，一定要讓被服務者有「好感度」，這不是標準、也不是品質問題，而是一份真情流露的態度。行政設計除了對交辦事務做到滿意品質之外，還要想辦法做到「在無感中發現好感」的因子，運用親切熱忱及處處體貼的手法創造「好感度」。

例如：同仁眷屬在活動入座時，不只是指引方向，如能牽他（她）的手協助帶至指定位置，透過手的溫度就能產生好感度。好感度愈高，滿意度就愈高。

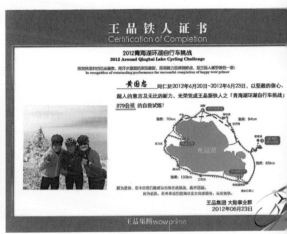

不要放棄任何小地方，可
以讓人感覺我們的細心與
貼心，並接受歲月考驗，
這就是行政精神。

左上：王品集團一級主管
躍身同仁祝福卡片上的
Model。

右上：鐵人證書上，秀出
你的挑戰路線與照片。

下：我親手繪製的卡片。

▶在平凡中發現感動：如今是一個體驗經濟時代，所有產業都在創造工作美學，而行政作業更需要具備「在平凡中發現感動」的能力。一份精緻的邀請函，會教人感到窩心而興奮；一份典雅具客製化的禮物，會令人愛不釋手。

除了藝術創作基本的色彩、線條、質感、包裝……等美學外，行政內涵要動人，就必須創造行政美感。例如：可以親自彩繪同仁生日卡致賀；「青海湖環湖自行車挑戰證書」上，加入青海湖地圖和路線，為對方保存回憶。每一份感動，都來自平常事務中發現的驚豔。

行政要透過「使用」，才能看見美感，進而感受到行政人員用心設計的作品，為大家所帶來的愉悅與感動。

「行政是賣口碑」，如果每位行政人員把行政事務做到精緻度、美感度，服務上又具敏感度，終將讓使用者產生好感度。這是一點一滴的累積，不要放棄任何可以讓自己表現的機會，讓自己成為一位有口碑的行政高手。

行政素描

原來可以帶動共鳴的那麼一點手段，讓你的作品有著『性感』的語言。──琉璃工房及琉園創辦人 王俠軍

世界轉動，不只是因為英雄的大力推動，也是每一位誠實員工小小推進的累積結果。──海倫・凱勒（Helen Keller）

主動是
一種工作習慣

05

2007 年 2 月，我收到泰國觀光局 amazing THAILAND 發行的 Newsletter 第 15 期，其中有一則報導，介紹泰國觀光局長 Mrs. Phornsiri Manoharn 新到任，我腦中突然閃過一個念頭：「泰國觀光局一向都很積極想吸引企業到該國旅遊，如果局長來台灣上任同時，王品能提供一千多人的旅行團去泰國玩，一定能給她一份亮眼成績，獲得泰國政府的肯定。她應該會樂意提供王品泰國之旅一些幫助，何不趁這個機會把績效做給她，利人利己？」

我擬好一封祝賀信，在她報到時以快遞最速件送達她的桌上。信中除了恭喜及歡迎她上任到台灣推廣泰國觀光，並檢附公司簡介，以集團名義邀請她到王品親嚐美食。文末不忘告訴她，王品年度旅遊有一千多人，已選擇泰國普吉島觀光，請她能盡全力協助⋯⋯

主動出擊，利人利己

過沒幾天，泰國觀光局台灣辦事處公關經理親自來電，表示 Mrs. Phornsiri Manoharn 很高興收到我的信函，並且已經決定安排時間要下台中見我一面，順便當面討論如何專案安排航空公司、旅行社和官方機構等單位，支援王品同仁前往泰國觀光旅遊。

Mrs. Phornsiri Manoharn 的鼎力相助，幫王品爭取到國賓級接待，讓我感到莫大光榮。泰國觀光局先是替王品申請到一筆獎勵旅遊補助，還特別安排觀光局專人到機場，讓王品享有

「機場快速通關」禮遇，當其他旅客還在苦候行李檢查和護照通關時，我們早已快速出了海關，入境大廳有美女拉著「歡迎王品貴賓蒞臨泰國」的紅布條，迎賓獻花。

最令人興奮的莫過於機場外竟有警用機車，準備幫王品泰國團開道前往下榻旅館。在警車引導下，一路上都是綠燈，遊覽車暢行無阻、直通旅館。看著其他駕駛和行人的羨慕眼光，車上所有同仁簡直樂瘋了，興奮地猛拍照，不敢相信一個單純的同仁旅行，竟能獲得國賓級的接待。

一則報導，也能創造主動出擊的機會。

連泰國當地的承辦旅行社都特別打電話告訴我，說泰國觀光局駐台代表特別交代要禮遇到泰國旅行的王品貴賓，令他們百思不解，王品怎麼會這樣夠力？其實這些都是幕後行政人員主動用心所獲得的回報。

行政人員一定要有主動尋找機會的習慣，只有出奇制勝，才能創造雙贏。這些年的行政業務中，不只泰國，就連大陸、韓國、印尼、日本……等地，都有王品行政團隊以主動創造機會的動人故事。行政工作者應隨時關注周遭，看有什麼機會能夠主動出擊，讓大家因你的用心而感動！

行政素描

人要有挑戰，才能感動不斷！——日本建築大師 安藤忠雄

創新不一定需要經費雄厚；化無為有，也是一門行政藝術。—— Tom

「利人利己」是最佳的行政藝術。—— Tom

王品大本營臥虎藏龍，因為王品集團同仁都是服務業菁英組成，從他們的服務績效就可看出端倪。王品集團每個月要服務 200 萬個客人，0800 客訴專線每萬人才 2.43 通，代表著同仁在服務方面的卓越表現。歷年來也獲社會肯定，如：《遠見雜誌》傑出服務獎第一名、《天下雜誌》金牌服務大賞第一名、《工商時報》台灣服務業大評鑑金牌等。王品同仁在服務上的表現是一流水準，所以當他們被服務時，相對也會要求一流水準，而身為服務同仁的行政單位，就要有夠水準的本事。

提升工作水準的四 Q

王品管理部要辦理公司的諸多文化活動、同仁圓夢計畫，推動行政策略與系統，還有許多福利業務等，因此，我要求團隊一定要四高，就是 IQ 高、EQ 高、AQ 高及 BQ 高，換句話說，就是德智體群美的綜合展現。（也許無法每位成員都能達到四 Q 高標準，但團隊的互相搭配與合作，就要達到這樣的水準。）

這四個 Q，是王品行政團隊的努力目標：

IQ 智商（Intelligence Quotient）：是一種表示人的智力高低的數量指標，也可表現為一個人對知識的掌握程度，反映人的觀察力、記憶力、思維力、想像力、創造力及分析問題和解決問題的能力。可以理解為對數字、空間、邏輯、辭彙、創造、記憶等能力強度。王品人的強調重點為：

▶專業要夠：對公司各項規定、要求及文化內涵，要具有本職學能，要做文化的執行者，對公司文化更要深度了解。管理部成員都是公司資深同仁，認同感高又具向心力，所以專業學養一定夠足。

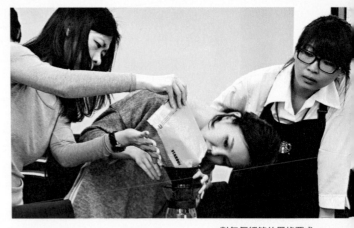

對每個細節的嚴格要求，可以成就完美。管理部內部訓練課程，泡一杯好咖啡，也是一門行政實力。

▶聰明要夠：許多面向的要求與挑戰，要一一靠智慧去解決。行政業務是以服務同仁為己任，而每個部門都會以自身利益為依歸，要求行政部門配合，因此，行政的拿捏與調整就需要夠聰明，在大家還未提案前先做制度或作業上的修正，讓大家充分了解我們已採用更好的做法，避免被動。例如：為了讓一年約 250 件的國外旅遊提案獲得妥善調整與認同，王品行政部門會做整體提案分析圖，就每件提案內容彙整後提出共識性解決之道，才能取得大多數人同意，順利執行活動。

▶創意要夠：就是要不斷有新創意、新思維、新做法，才能迎合未來行政趨勢，做最好的服務決策及活動安排（詳見第五部）。

EQ 情緒智商（Emotional Intelligence Quotient）：管理自己的情緒和處理人際關係的能力。行政管理要負荷高度複雜的人際關係，沒有高 EQ 很難獲得成功。大家都喜歡同 EQ 高的人交往，EQ 高的人總能得到大多數人的協助和支持。

▶情緒管理：做人比做事重要。行政是人與人的工作，與人協調、溝通，要有高度情緒管理，才能在穩定中協助他人，令人感受到優質服務。

▶人際關係：在職場中要獲得好的表現並順利推動業務，僅僅埋頭工作是不夠的，能夠識別他人情緒也是一種人際交往技巧。

▶心理素質：EQ 是一種洞察人性、揭示生命目標的悟性，是一種克服內心矛盾衝突、協調人際關係的技巧，其實就是一種生活智慧。

AQ 逆境智商 (Adversity Intelligence Quotient)：是指面對逆境時承受壓力的能力，也是承受失敗和挫折的能力。

▶挫折忍受度：行政業務常會面臨不同人的批評，主事者在面對困難時，要能夠超越原有能力，AQ 愈高的人，挫折忍受力愈強。

▶心理抗壓度：行政常是吃力不討好的工作，但公司文化與目標是明確的，所以行政工作者要能在面對困境時，擁有適時減除自己壓力以度過難關的能力。任務完成才是最後突破壓力的關鍵。

▶潛能激發度：要成就一件行政創作，必須經歷痛苦磨練，視野才會寬闊，心理高度才能被激發出來。每個人都有驚人的潛力，只要勇往直前克服壓力，就一定能有所突破，成就工作榮耀。王品潛能激發的活動很多，例如：魔鬼訓練營、挑戰三鐵、承接新任務等。要經常保持團隊競爭力，並提高團隊貢獻度及生產力，就要懂得如何開發與運作團隊成員的

潛能。

BQ 美感智商（Beauty Intelligence Quotient）：是指對美的感受度，並透過對美的創作，提升生活的一種選擇、發現與創造。BQ 是一種無所不在的美感信念，讓我們追求更完美的質感，創造出更好的附加價值能力。

▶藝術感：行政工作是人與人、心與心的互動，這種內心品質必須透過真實感及藝術感的融合，才容易令人印象深刻，並獲得好評。透過藝術知識與手法運作，可以達成工作美感。

▶美感度：每一件行政作品，在文字、圖片、視覺、氛圍、心靈感受……等都應具備一定美感，任何人只要一接觸就會感到愉悅，進而產生好感，這就是美感度的盡情發揮。

行政是一門綜合藝術，是一項「智力＋心理＋潛能＋美感」的整合能力表現。所以，行政團隊除了個人與生俱來的敏銳度外，也必須經由後天培養及訓練，達致四 Q 高能力。

具備 4Q 素養，可以讓工作團隊有寬闊的視野與胸襟，並在為人處事上，發揮面面俱到的服務底蘊，在美力時代表現出美感價值。

行政素描

個人的成功靠專業，企業的成功靠團隊。──太子建設總經理 謝明汎

把握四 Q 微妙之處，就是行政巧妙之處。── Tom

四 Q 在合理的調幅中，產生團隊的均衡之美。── Tom

壯遊
打開任督二脈

07

菜英文遊美國的危機

2001年美國遭逢911危機，我選擇隻身前往
美國自助旅行一個月，挑戰讓自己置身「未
知」環境，去體驗「已知」世界。我用又破又
爛的英文「凸」全美國，除了探訪王品在美國
的第一家海外餐廳「Porterhouse Bistro」，也
利用此次壯遊自我突破。

美國的同事給了我一支手機，方便隨時有狀況可以回call，
但我旅行的區域已超過他們平常的生活範圍，所以大部分時
間都得自我體驗，拿著旅遊手冊，用肢體語言與人溝通，搭
灰狗巴士前往拉斯維加斯、優勝美地和美國大峽谷等地。

那天到聯合車站看建築時，無意間瞄到火車時刻表，估算時
間可以允許前往聖地牙哥再趕回洛杉磯，我便搭車到聖地牙
哥一遊。當時是冬天，遊客稀少，我暗喜賺到一趟不必與人
推擠的愜意行程。在聖地牙哥買了可搭當地所有交通工具的
一日票，我以火車站前的Starbucks為根據地，繞著城市逛
逛走走，肚子餓了就找麥當勞用餐。回程趕搭末班火車回洛
杉磯時，卻出現尷尬的窘境，左等右等都未見火車站開始賣
票，再詳細閱讀火車時刻表後，才知道我看錯了日期，末班
車只有週六行駛。

我既緊張又恐懼，因為聯絡不到同事，自己也無法脫困！火
車必須等到隔天早上六點才發車，於是我決定不找飯店投
宿，先去Starbucks坐到晚上十點，之後再到車站度過剩餘
的八小時即可。哪知Starbucks冬季營業時間只到晚上七點，

我不得不走出店舖，再回聖地牙哥車站等待。還好我隨身穿戴登山的防寒外套，但在車站附近孤寂閒逛期間，心中的恐懼不斷在自我拉扯，很恐慌但又無能為力，友人提供的手機因跨州無法接聽，害怕家人擔心，又不敢打電話回台灣告知家人我的處境。

漫長的聖地牙哥夜晚，港口冷風颼颼，人生中第一次如此孤獨地面對黑夜，我就像停靠在港灣的船艇，情緒上下搖擺不定。

王品在美國的第一家海外餐廳 Porterhouse Bistro。

縮著身子像流浪漢般窩在車站椅子上度過一夜，總算等到黎明時分，搭上早班火車回到溫暖的洛杉磯。同宿室友問我昨晚去哪裡？我只告訴他們去了聖地牙哥，但未告知睡在火車站的糗事與感觸。

這次的親身體驗，讓我更勇敢面對未知的事務，也可以更豁達地處理行政工作，一趟聖地牙哥的冒險讓我成長許多。如何面對孤獨無助，是行政人員必備的能力。

壯遊，擴大了旅者的人生格局。

從壯遊中獲益

《商業周刊》第1004期中有一篇對「壯遊」的介紹：「有一種旅行，方法很貧窮，卻可以改變人的一生。這種旅行，西方從十六世紀末傳承至今；中國卻已失落數百年。那就是Grand Tour——壯遊。」此文將「壯遊」定義為「胸懷壯志的遊歷」，其中需要具備三個條件：旅遊時間「長」、行程挑戰性「高」、與人文社會互動「深」。 換言之，壯遊不是為了舒適的異國經歷，或尋找景色怡人的地方拍照留念，而是在沿途的每一個拐彎處體驗民生疾苦，並探尋他人的生活姿態，讓旅行成為一種深刻的社會觀察，進而擴大旅者自己的人生格局。

一次壯遊，讓我改變對行政工作的認同感與使命感：

▶認真計畫，隨時變化：自己安排自助旅行，在出發前都會特別對前往的國家、城市、語言、文化、飲食、氣候、交通、住宿……等進行妥善與完整的規劃。但旅行開始後，時常會

遇到特殊狀況必須做計畫調整，以因應當時環境，隨機應變。其實行政事務也如同旅行一樣，計畫趕不及變化，變化趕不及長官一句話。所以，行政要「認真計畫，隨時變化」，就像自助旅行一樣，心態正確，做事品質就差不了太多。

▶面對無路，自尋出路：自助旅行常常必須面對無助、無奈、孤獨、憂心、抗拒的五味雜陳滋味，但這些卻是潛能醞釀的最好酵素，是自我成長底蘊的養分。為人處事也常常會遇到無路可走的境況，但千萬不要放棄，要努力尋找出口，勇敢走出自己的一條路。

▶挑戰未知，創造已知：旅行前都是紙上談兵，真正跨出台灣才是考驗的開始。尤其我只貪圖機票及各項花費低廉，選在 911 之後前往美國，風聲鶴唳之際，幾乎都是在未知中摸索。我用極有限的資訊在當地探尋一週後，才終於感受到無拘無束的自由，那一週的我幾乎是用有生以來所有的知識、力量及潛力度過。行政事務的挑戰也是自我突破的挑戰，雖很辛苦也要甘之如飴。

▶突破思維，改變行為：行政工作容易困在現有思維的泥沼中，必須訓練自己改變舊有的行為模式，接受新的觀念並設法突破。李欣頻在《旅行創意學》中提到一個「類驚嚇」的方法，就是因為旅行是陌生的，會刺激你長出新的腦神經元，同時「消滅」舊制約的影響；而且與平常生活工作的差異性愈大愈好，這樣「類驚嚇」的幅度就更大，更有效去除陳年的舊思維。

▶善用交際，轉化禁忌：我在旅行中常會帶一些具有台灣特

置身未知，體驗已知，讓自己創意不斷。

左上：美國聯合車站，是我搭錯火車之旅的起點。

右上：送個中國結香包給旅途中相遇的可愛小孩。

左下：美國大峽谷，感受壯闊的大自然之美。

右下：墨西哥木偶，不同國家有不同的文化表現。

色文化的小禮品（如台灣郵票、自製的明信片、中式飾品等），利用這些物品與當地民眾博感情、套交情，也讓我在旅程中換到一些友情及幫助，這也是獲得陌生人信賴與喜歡的方法。在美國行中，我被奉為貴賓參加墨西哥家庭的民俗婚禮；在聖塔莫尼卡海邊分享來自台灣的香包，換得參觀豪宅及一頓豐盛午餐。贏得信賴是行政人員必要的心態，適時用小禮物表達謝意，不僅可以潤滑人際關係，也能幫助行政業務順利推動。

▶因應危機，化為轉機：美國的壯遊行也遇到數次危機。我

在台灣訂拉斯維加斯的住宿點，以為選了熱鬧城區（因為有露天布幕秀），結果到了當地才發現是舊城區。當我搭巴士抵達時已接近傍晚，全城黑漆漆，不像新城區一樣明亮，當時我很恐懼，就像電影情節般走在昏黑的街道上，路邊有遊民到處閒逛，突然間我被兩名黑人持槍頂著頭並搶走身上皮夾，我雖極力掙扎卻也無能為力，還好我瞄到一輛計程車往我這邊開來，就馬上攔車脫逃。

化危機為轉機是壯遊必要的能力，我的錢放在至少五處不同的地方，救命錢也藏在隱密處，隨時可以應急。旅程中也曾遇到露宿車站、在優勝美地差點凍僵等等，這些危機訓練我「面對問題，解決問題」，工作上何嘗不是如此？

李欣頻在《旅行創意學》引述奧修說的話：「沒有任何地圖能派上用場，因為生命一直在變動，每一刻都是嶄新的。透過改變，耗盡改變，去經驗改變，成為那個改變，不要跟它抗爭，跟著它走，藉著離開每一樣改變的東西，你將進入你自己，進入那不變的中心。」

這次壯遊回來後，我的感觸則是──孤獨無依的旅程，正是產生蛻變的關鍵。

行政素描

生命本身沒有意義，意義是你賦予的。
──美國神話大師 約瑟夫 · 坎伯（Joseph Campbell）

在無助中，尋求自助。不怕恐懼，恐懼就不存在！── Tom

給自己一次「壯遊」的機會，讓人生「豁達」。── Tom

把行政當生意做，愈做愈有趣

08

擺攤習得街頭與生活智慧

行政不是理論，而是一種實務戰。在顧客意識高漲，隨時產生變動的環境中，更需要一種因時、因地制宜的權變能力。

小時候，我家在市場做販賣種苗、種子、水果的攤販生意，從小就要跟著父母學做買賣，我的學費還要看顧攤收入多寡才有著落。觀察客人臉色，忍受競爭者的跋扈，讓我學會夾縫中求生存的街頭智慧。雖然當時年紀小，現在回想起水果賣出去才有飯吃的日子，還是有點心酸，可是這些做生意的經驗，卻教會我處理行政事務的一些眉角與智慧，而且受用不盡。

做好行政生意的七個撇步

經營行政工作如同做生意一樣，不僅貨色要有競爭力，服務也要夠感心，不斷累積口碑，才能博得大家喜愛，成為死忠顧客。把行政當生意做，愈做愈有趣：

▶貨色要多樣：做生意貨色要齊全，否則客人找不到想要的東西，根本不想再進來。另一個重點就是貨色要分類，每次水果開箱，要把最大、最漂亮、最好吃的「貨面」挑出來賣較高價格，先賺回本錢；中間正常賣；又小又賣相不好的「貨底」，要盡快俗俗賣。

經營行政也是如此，需要分眾設計，各取所需，辦活動一定要顧慮到各年齡層的需求（如年輕人愛玩水、老人家喜歡早起散步、資深同仁偏好靜態活動），最優質的服務一定要讓人感受到品質與貨色的多樣化。

戴董親自為家族大會同仁及眷屬發送冰品。行政工作就如同做生意，貨色要有競爭力，服務也要夠感心，才能累積口碑。

▶挑剔當練功：俗語說：「挑剔的顧客才是忠誠的顧客。」做生意常遇到難搞的客人，又要吃又要嫌還要殺價，但生意人要能沉穩應對，從中斡旋，爭取對方認同，幾次以後對方自然變成老主顧，主顧愈多，生意就可立於不敗之地。

我也要求王品的行政團隊，對於同仁的意見必須耐著性子溝通處理，把對方當作練功對象。當功夫練得愈圓融，愈能投其所好，創作出雙方都滿意的作品。

▶服務要頂真：幫顧客挑水果、削皮切塊等，都是做生意的基本服務，如果客人買回家後反應水果不好，不管多晚都得補送（自己先試吃過，好吃才補送）。人總有同理心，透過熱忱的服務態度，可以讓散客成為主顧。

做行政事務的人也要秉持此一精神，服務不好馬上進行改善，再提供更好的服務。「你頂真，同仁就會感心」，若有狀況，他們會替你說話，再給你一次機會。

▶價格要合理：做生意要童叟無欺，貨真價實，拚價格無法攏絡主顧客，反而容易招來貪小便宜又難搞的散客。店家要提高價值取代價格落差，所以不只探價，更要包裝別人沒有的額外加值。

行政也該如此，我們提出的活動，一定要比別人有競爭力，貨比三家不吃虧外，還要把別人沒有的東西適時加入。例如：旅遊用餐我會要求含酒水；別人賣自費行程，我會精挑一兩項直接加入旅行體驗中，雖然成本會增加，但可以調整結構做到最適價格，這才是讓顧客滿意的決勝點。要記住：顧客不會因為你替他省錢而感謝，給他最想要的東西才會皆大歡喜。

▶擺盤要大方：最好的貨面水果，不只要用碎紙片鋪設來感受細嫩與尊貴，有時也要噴一些水，讓外表水嫩，此外，陳列器皿也要高級。行政事務也是如此，細部包裝要著重視覺美感，場面則要隆重尊貴，這也是一種貼心服務。

▶體驗要慷慨：試吃是讓顧客認識貨品的第一類接觸，我常看到一些商家很小器，一個鳳梨酥切成十塊，小得可憐，顧客試吃都覺麻煩；以南投「微熱山丘」鳳梨酥為例，試吃品就是一塊完整的鳳梨酥，既慷慨又大器，加上產品質量高，當然排隊人潮不斷，經由口耳相傳，連廣告費都省下來了。

行政事務也該如此，「開遊樂園不怕人玩，開餐廳不怕人吃」，例如王品集團辦活動，常會設計「食物補給站」，提供同仁免費自由取用，吃免驚，拿免驚。成就慷慨主義，不要小器，才能讓大家感受你的用心。

在家族大會下榻飯店房間內，備上包裝精美的紀念品、額外招待的笑臉水果，讓行政服務做到頂真、感動。

▶款待要真心：「面笑、嘴甜、腰軟、手腳快」，絕對是生意人的特質，隨時察言觀色，熟記顧客面貌，了解顧客需求，尤其特別要記得顧客曾要求過的特別服務項目。年少做生意時，我隨身帶有一本小筆記，記下常客的特徵、額外需求、家庭背景、特別嗜好等資料，偶爾我若在其他地方看到對方喜愛的東西，便自掏腰包買下來，等對方下次來消費時，特別拿出來送他並感謝他的長期照顧。正因為我額外的貼心服務，讓我手中擁有許多大客戶，逢年過節時，我的業績總是最亮眼。

行政事務也是如此，對同仁及眷屬，尤其小朋友送點文具玩

行政服務有時要成就慷慨主義，每年的王品家族大會都有「吃免驚」的歡樂小站。

具小禮，孩子高興，父母親也開心。到現在我車子的後行李箱還是裝滿小朋友的禮物，這就是行政人際關係學一定要學的——真心款待。

每一項行政事務，都要當成做生意的「眉角」去做，把「同仁」當「顧客」對待，如此行政活動不只同仁願意參與，還會因特別的用心讓大家受寵若驚，團隊服務的滿意度也會大大提升。

行政素描

學習真本事，抓魚很好抓，但料理魚就不容易！——導演 魏德聖

學會讓利，才能有所獲利。—— Tom

服務身段要軟，先低頭者，才能最先將頭抬起來！—— Tom

用抱怨時間，
去發掘天賦

09

為部門的生存爭一口氣

面對每天都要接受顧客嚴厲挑戰的王品同仁，對他們的服務品質或態度如果不好，套句火紅台詞，他們的批評會「加倍」或「十倍奉還」。王品同仁對內部各項行政服務的要求雖不致吹毛求疵，卻也相當細膩。行政服務不僅要能感動同仁，還要超越他們對顧客服務的期待，做到細心、貼心還要「足」感心。

管理部要在這樣近乎挑剔的環境生存相當不易，集團上下從同仁到部門主管，從二代菁英到中常會，甚至是董事長都適用同一套高標準。所以，王品的行政工作，必須有策略性突破及快速彈性的應變能力不可，除了求創新突破、掌握服務契機、有效執行計畫、發展服務管理、作業機能精進及同仁有效經營等方法外，自己務必要有一項無敵的核心能力，這樣才有機會讓大家看到你，不致成為被邊緣化的部門。

2008 年時，王品管理部只有兩位同仁（俗稱 D.J. 二人組），要面對公司各項行政事務執行，排山倒海的業務量，幾乎快淹沒部門的喘息空間，只靠一口氣撐住，而這口氣就是我們不服輸的個性，因為「每一口氣都在尋找出口」。

某天，我在書店架上看到一本封面寫著「渥克藝術」（Artful Work）的書，書中有一段話深深觸動了我：「工作如果阻礙了生命，那就一無是處。」這本書改變了我對工作的觀點及作為，書中提到什麼是真正的「藝術化工作」，藝術領受能力如何融入工作感受及組織生活等。作者的工作觀是：

- 所有的工作都可被藝術化
- 藝術化工作的回饋在工作本身
- 藝術化工作的強烈動力是快樂
- 所有的工作皆是精神性工作
- 藝術化工作所要求的是藝術家能主導工作過程
- 藝術化工作必須自覺地且連續地運用自我
- 藝術家創造工作，工作也創造藝術家

我突然間開竅覺悟，如果現在還用以前的方式經營行政工作，將無法做出工作價值。當時美學經濟正在起步階段，我決定挑戰自己的潛能，報考大葉大學造型藝術研究所，從管理邁向藝術的跨界學習，實現「行政藝術化」的創作夢想。

半路出家也要努力成佛

半路出家學習管理的我，要跨入藝術領域何其困難，我利用晚上及假日時間拜師學藝，帶孩子一起上水彩素描課，從不會到會，我只有一個信念：「別人畫一張，我要畫五張。」不能以質取勝，也要有以量取勝的企圖心。

當我決定報考創作組時，除了要準備西洋美術史、藝術心理學及素描外，最重要是口試和實體作品。學統計的我於是計算上榜的機率，報考藝術研究所的大都是美術本科，我這非本科系學生當然要有策略不可，筆試成績一定要在前兩名，這過程讓我學到非贏不可的行政骨氣，也真正喜歡上藝術。

我利用下班後至畫室勤練素描、創作水彩，恩師張培鈞細心指導，讓我的水彩作品在考研究所前就已累積近 40 張，比一般報考學生多三倍。當口試老師看到我的學歷與成績時，

行政更能抓到人性的地方，就是因為有人文藝術的融入。這些都是我的作品。

問我為何想要跨領域學習？我回答說，想將藝術融入行政工作，發揮美學創作理念；但真正震撼口試老師的，是我那短時間內累積的作品數量。

▶敢挑戰尋求生存空間：在既有環境無法突破時，試著跨足不同學習環境，窮則變，變則通，在不同高度可以看到不同角度。現在是多元社會，有無限可能，不要放棄挑戰，創造你自己的生存空間。

▶跨領域尋求創新思維：理性與感性的交互激盪，會產生不同火花；在專業領域深耕是重要的，但若能輔以不同專業的融合，能有截長補短之效。最重要的是融入其中，掌握核心觀念，並加以實務試作。

▶融美學尋求附加價值：美力是一門競爭力，美學更是一種日常生活形式。把美學帶入每個工作領域中，因為美學不只是商品或工作外表的包裝，而是如何贏得大家內心信賴的方法與思維。讓美學的推動，成為組織文化與流程改造的變革，也是工作的真價值。

在《每一天的覺醒》（*The Book of Awakening*，Mark Nepo 著）這本書中曾提到：「任何興趣、痛苦或逆境，都可能出乎意料地帶領我們進入更大的生命，讓我們突破當下的限制，有機會以更寬廣的意義重新定義自己。」我曾經很真實地經歷這個過程，既要兼顧現有的工作，又要尋求突圍，找到更有效的管理方法突破瓶頸。這過程很辛苦，也很挫折，但我還是努力撐過去了。

我的畢業作品得到中部美展第二名、全省美展優選、台陽美展優選等，當我的畫作和美展得獎者一起巡迴台灣各地展出時，我感到無比榮耀。將你抱怨工作的時間，去發掘你的天賦，已是綽綽有餘！

行政素描

奇蹟是慢慢醞釀出來的。──金蘭都

人生短暫，不能等待；實現理想，無法取代。──王品集團董事長 戴勝益

工作像一本剪貼簿，裡面貼滿了所有作品，也貼上自己的夢想。這一本藏寶圖，隨時讓你在尋找靈感時，從中發掘不同的寶藏。
── Tom

將各行各業的工作當成創作，你也會是一位傑出的藝術家。── Tom

重新歸零，
啟動 UP 專案

10

2014 年第四季是我們不好過的日子，王品的企業形象如骨牌效應，瞬間被推倒。一家優質企業要累積品牌形象，需費時數十載；但要品牌形象崩盤，卻只需一個錯誤應對決策，就全部歸零。食安事件衝擊整個台灣社會，原是一片看好的餐飲產業，一夕之間變成高風險行業。

王品這次面對食安事件的處理，董事長在會議中沉重表示：「我們的表現為零分。我們必須痛定思痛、虛心檢討。我們深刻體會顧客對我們的期許，超過我們對自己的期許，這就是愛之深，責之切。」食安事件讓我們重新歸零，唯有歸零才會發現自己真正的能力與價值。我們必須重新學習如何做為一流企業的能力，要比別人更全力以赴做好品質把關！

徹底改革，彼此集氣

就管理部的職責來說，王品優質的企業文化絕對不容退縮，更不能放棄經營使命，只要我們在意，把沒做好的事徹頭徹尾做好，相信處處都有機會。我們沒太多時間抱怨食安問題是誰的責任，反而是花更多時間進行徹底改進。

面對這些反省與覺醒，我們共同集氣的做法是：

▶ 經營不漏氣：全員繃緊神經，全面體檢公司內部各項食安措施，並立即成立「食品安全」部門，把關所有原物料安全。採購部精進「二階物料管理」系統，整合 BOM（產品結構管理），讓物料統一化。除原有品類管理外，重新啟動研發

機制，把食安、採購、品牌功能納入事業處研發團隊，統籌產品的研發與源頭管理，加強廠商評鑑之科學抽樣檢驗及訪廠機能，重建消費者信心。

這是西螺馬路旁的一棵行道樹，被鋸斷的樹幹藉由氣根緊抱電線桿，尋找出路，以微薄的空氣和水分努力生存，長出綠芽。不論環境如何惡劣，企業追求生存的堅韌生命力永遠不變，是值得我們學習的王品之師。

▶公司要爭氣：全面啟動「UP專案」，強調提升公司形象及產品價值目標外，一切都以消費者安全為優先；強化成為國際一流經營能力而深入準備，除品牌及經營策略外，各單位更要重新檢視各項危機因子，引進科學驗證、抽樣機制、資訊管理等。這是全面性提升方案，重返榮耀是唯一目標。

▶市場接地氣：面對嚴峻的市場低迷考驗下，我們必須更貼近市場，了解顧客對我們的期待，唯有透過產品安心及價值勝出，才能再次贏回顧客。所以新產品開發、新服務創新，及重建食品安全等，必須一一到位，把事情做好。

▶內部爭士氣：這是王品創業以來最沉重的時刻，面對社會輿論、媒體報導及外部顧客等龐大壓力襲擊下，我們沒有悲

觀氣餒的權力，我們肩負社會及同仁更多責任。我發動各級主管至各單位打氣，在各項會議中勉勵大家重建信心，也透過董事長給同仁的一封信，彼此打氣，加倍努力。以前我們能，現在我們也能，這是跨出台灣、走向國際化企業的格局與胸襟。

▶ 總部顧元氣：台灣食安事件頻傳，我們雖不是原物料製造商，卻是提供最後產品給消費者的生產者，透過別人的角度來評估自己的所作所為，這時候必須更嚴格檢視自己。總部及全體同仁必須像堆積木般，再一塊一塊把企業地基打穩固。

這就是我們的行政動能，不管環境如何變化，公司基本機能及文化傳遞是不能停頓的。從「不完美見完美」，王品人的精神就是遭遇愈艱難，則自我超越意圖就愈強烈，我們建立在積極的、反宿命的、盡其在我以求超越的價值觀上。看得到失敗，也是一種歷練。行政創作沒有結束的時候，創作過程每個階段都有挫折、壓力和收穫。只有找到出路，迎接挑戰就是最好的做法。

行政素描

痛，才感到自己的存在；傷，才是一種學習。──知名舞蹈家 許芳宜

今天很殘酷，明天更殘酷，後天很美好，但是絕大部分人死在明天晚上。──阿里巴巴集團董事局主席 馬雲

不服輸的個性，來自背後對自己的高度認同與決心：別人能做的，我也能做得到，別人能做的，我可以做得更好。
──城邦出版集團首席執行長 何飛鵬

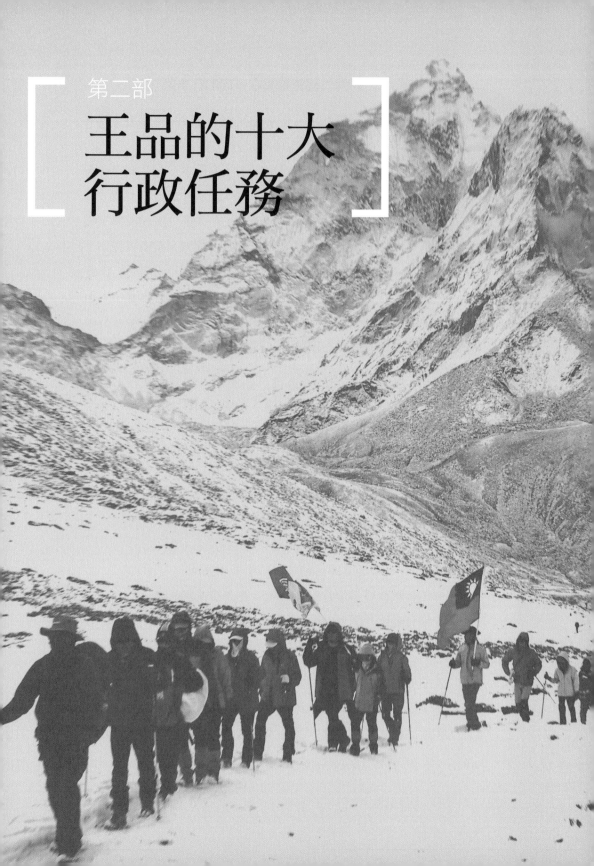

第二部

王品的十大
行政任務

就源管理，
全員定位
行事曆設計

01

將同仁緊密維繫在一起的行事曆

每年九月，王品人就迫不及待想要知道公司下一年的行事曆，而且愈來愈多人希望公布的時間可以再提早。王品人做事一向掌握守時觀念，要求行動有效率，很多外賓總是不解，為什麼敲演講或會議，王品人都可以說出哪一天不可以的原因，是會議、訓練、鐵騎貫寶島、集團旅遊……，怎麼這些人的行事曆都已排定好全年度計畫，真不可思議！連吃喝玩樂也在行事曆中。這其中的行政秘密，就是「就源管理」——大家依據年度行事曆，將個人與公司行程結合，產生全員定位效應。

王品 11,000 多名同仁的日常行動準則，都會依照行事曆有效率地執行。一份簡單行事曆，攸關公司眾多行政活動安排及確保有效完成：

一年有 300 多場會議及場地租借。
一年有 120 多場訓練課程排定（不含臨時加開場次）。
一年有 50 多場王品之師邀請。
一年有 50 多場企業文化活動。
一年有 50 多場品牌活動，在各事業處展開。
一年有數百場事業處經營會議，在各事業處展開。
一年有長達八個月的同仁旅遊活動穿插其中。
一年還有數千場個人或單位綜合性活動與計畫穿插其間。

王品集團年度行事曆都將上述活動編入，如：企業文化活動（王品三鐵：登玉山、泳渡日月潭、鐵騎貫寶島等）、大型年度活動（集團策略、王品家族大會、集團尾牙）、其他重

要活動（同仁體檢日、企業消防日、訓練課程、政府國定或特定假日等），讓所有同仁可以一次定位，之後的事業處及個人行程，再依行事曆逐一排定。所有人都依規則遵守，有依據、有紀律地執行所有集團活動。當然，董事長行程也不例外地依公司所訂行事曆進行。

王品從上到下，每個人在每年九月依序設定公司電腦、outlook、隨身筆記本、手機，王品集團年度時間地圖儼然成形，井然有序地全員前進，策略計畫、營運目標值、學習成長課程、吃喝玩樂都整合在一起。

做好源頭管控，避免行政資源虛耗

行政工作者需要良好的就源管理設計，一般公司行政資源虛耗很嚴重，花去太多時間在敲定與更改行程、活動、會議等溝通上，這就是源頭控管不好所產生的結果。

行事曆不僅是行政安排，也是一門高深的設計學問，掌握重點如下：

▶設計要規則：經數年經驗歸納出大家有共識的統一行程，並將之做有效區隔，分配至固定月份。讓每年重要指標行程（如策略會議、王品家族大會、聯合月會等），依循規定先排定於行事曆中，接著再就環境、時間及週期等因素影響做細部微調。

▶設計要務實：要多方面考慮相關權責單位在推動時程上的可行性，如：財務結帳時程、資訊結轉時間、年度教育訓練計畫……等。避開店舖重大營運節日（如春節、母親節、情人節、聖誕節），務必讓大家感受到設計上的務實、細心及

貼心，才能讓同仁接受與配合。

▶設計要彈性：遇到年度重大活動期程（如泳渡日月潭等）尚未敲定時，須與相關單位先行討論協商，取得共識後先預留日期空間，待確認再行調整。在設計前就先做取得認同的安排，這樣才具彈性及可行性，不要一意孤行。

▶設計要統一：從集團、部門、事業處、單位及相關人員的行事曆中，都必須做到整體統合，並建立統一做法及規定，在公司重大會議中取得共識，不能太多例外。

▶設計要儀式：行事曆要讓大家遵守，需要透過各階段儀式確認。首先提報最高會議，並徵求行事曆中如有衝突要修正或調整必須在時程中提出，再經董事長確認後，透過全集團資訊平台正式公布。**層層確認是一份尊重，也是一份公開，更是一份共識，這行事曆就具備公正性及透明性。**再結合龜毛條款「遲到一分鐘罰一百元」，就更加強儀式的凝聚力。

經過多年經驗及眾人智慧所累積成型的集團行事曆，已是王品同仁們所認同的行事依據。行政要發揮「就源管理」功效，讓公司就最佳戰鬥位置，發揮最強戰力。

行政素描

行政高手就是要「就源管理，才能一次到位」。—— Tom

從畫家調色盤中，看到多元色彩顏料，加上有條不紊的位置調配，就知道作品一定是色彩豐富、層次分明的佳作。—— Tom

王品集團 2014 年行事曆編訂準則

一、聯合月會：訂於每月第二個『週二』召開，遇重大節日提前一天召開

四月份訂為『王品家族大會』不召開聯合月會

二、中　常　會：每週週五訂為『中常會』，當月有五週則第一週不召開

1.『書面中常會』：訂於每月 5 日後之週五召開

2. 聯合月會『當週』不召開中常會

3.『討論中常會』：訂於每月第三週及最後一週召開

三、董事會、股東常會、大陸石二鍋董事會：由財務部提供排定

四、王品家族大會：2014 年於 4/11~13 分兩梯次舉辦

五、二代菁英會議：訂於每月最後一週之『週一』召開（但必須在第二次討論中常會當週）

六、主管會報：訂於每月第一週之『週二』召開

七、總部會議：訂於每月第一週之『週二』召開（6 月戴大哥 Speaking，3、9 月總部之師）

八、領袖學苑：訂於每年十二月份第二週之『週六、週日』舉辦（增加場次另訂之）

（第一天：王副董主持，董事長不參加；第二天：董事長主持，王副董不參加）

九、魔鬼訓練營：訂於每年四月末二週舉辦

十、同仁體檢月：訂於每年三月舉辦

十一、同仁意見調查月：訂於每年六月、十二月舉辦

十二、副店長甄試：訂於每年六月、十二月，日期由人資部提供排定（聯合月會次日）

副主廚甄試：訂於每年六月、十二月，日期由人資部提供排定（聯合月會次日）

十三、企業日：與王品盃結合為同一日

十四、企業消防日：訂於每月最後一週之『週二』舉辦

十五、公關禮品發放日：春節、端午節及中秋節前一個月訂之

十六、同仁三節禮品發放日：春節、端午節及中秋節前一週訂之

十七、王品盃托盤大賽：訂於每年十一月第一個週二召開

十八、網路同仁拜年信函：農曆春節前一週

十九、廠商信函：農曆春節假期後第二天寄出

二十、王品之師年度春節禮品寄發：農曆春節假期後第二天寄出

二十一、集團策略時程：

1. 五月第二次討論中常會提出「總體環境與消費趨勢分析」、「集團策略時程」及事業處提報年度策略會時程

2. 七月聯合月會當週週五為「台灣年度策略會議」

3. 八月「集團預算編列系統」啟動（8/1 ～ 9/30）

4. 九月召開「各事業處年度策略會議」（9/1 ～ 9/30）

5. 十月聯合月會當週週五「總部年度策略會」

6. 十一月於書面中常會說明「集團策略及預算審查發表會」

二十二、31Q 時程：

1. 一、四、七、十月第二次中常會議前一天（週四）為事業處 31Q

（一月及七月台中召開、四月及十月台北召開）

2. 一、四、七、十月第三次中常會議前一天（週四）為總部 31Q

二十三、代理人聯合會：訂於每年五月及十一月第三週之『週二』召開

（五月：王副董主持，董事長不參加；十一月：董事長主持，王副董不參加）

二十四、課室訓練：不列入年度行事曆，由訓練部統一制定及發文通知。

二十五、各事業處之年度計劃會議，由事業處每年另訂之，再納入行事曆管理

二十六、王品新鐵人活動依當年實際狀況另訂之

（鐵騎貫寶島：2~3 月；泳渡日月潭：按大會公布時間；登玉山：10~11 月）

二十七、「尼泊爾聖母峰基地營健行」，由中常會及二代菁英組成，依當年實際狀況訂之。

二十八、特定課程：每年由訓練部提供排定

1. 兩岸高階課程（台灣）：由訓練部提供排定

2. 區經理人力池課程：由訓練部提供（二代菁英會議後，但四月避開魔訓）

會議也是
競爭力
聯合月會

02

會議有趣，才會有效率

讓公司的會議開得有趣有效率，一直是所有人的理想，但往往很難實現。王品「聯合月會」每月從台灣各地召回約六百名單位主管，共同集結在台中開會，這是一項規模龐大的行政活動。召集一次會議所動員的人力、物力及花費成本都相當可觀，若缺乏良好的設計及管理，將會是企業惡夢；但如果設計良善，除傳遞企業文化、建立革命情感、分享榮耀與拉攏向心力之外，也是一種展現企業競爭力的重要指標。

王品的聯合月會，我們會做貼心與特殊的安排：

▶戴識別牌：統一製作所屬單位及個人姓名的識別牌，報到時領取戴上，方便彼此認識及打招呼。識別牌也有最佳尺寸設計，可以馬上看到單位、職稱、姓名等。貼心設計是最好的行政作為。

▶吊帶顏色：每個事業處的識別牌掛繩，我們特別尋找廠商，購買與該事業處品牌相同的顏色，透過視覺，分享親切與溫馨。小小細節上用心，就會讓人感受到行政部門的努力。

▶抽號碼牌：用這個方式來決定座位，增加趣味性及不可預期性。一般開會常常依所屬單位指定位子，似乎少了趣味，也減少了互動，難免無聊。如果不事先指定座位，大家又都搶坐在後面排，深怕坐第一排面對董事長或主管，開會有壓力。王品集團以抽籤號碼決定座位，有點隨機也增添興味！

▶測量血壓：參與聯合月會的成員進入會場前，事業處秘書

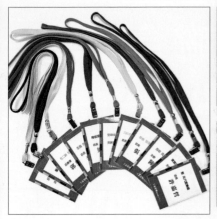

左：會議識別牌與吊帶。

右：會議前幫同仁量血壓，隨時健康管理。

會貼心協助測量血壓，讓每個人每月都了解一下自己的血壓狀況。測量後，我們會將「血壓卡」資料輸入「健康管理系統」，方便個人做健康管理。如果有同仁血壓超過標準值，董事長還會在會場上唸出名字，提醒特別注意運動或吃藥控制，展現集團對同仁健康狀況的關心。

▶孕婦專區：貼心為孕婦設計專屬區域，並安排在所有座位的最後一排，位子較大也較寬些，坐起來舒服。會議結束，也請主席宣布「孕婦區同仁先行離場」，避免與同仁爭相離開時產生推擠。

▶會議程序：會議標準程序為：唱集團歌、頒獎、頒學習證書、主持人報告、副董事長報告、中場休息時間（讓大家輕鬆聊天彼此認識）、新加入成員自我介紹、董事長分享與抽問（為了讓大家注意聽講，也是餘興節目，答對的同仁由董事長送上一千元做為該店同樂基金，金額不足當然就由主管出錢請客）。

▶鐘聲響起：為有效控制會議時間，王品祭出罰錢條款，發

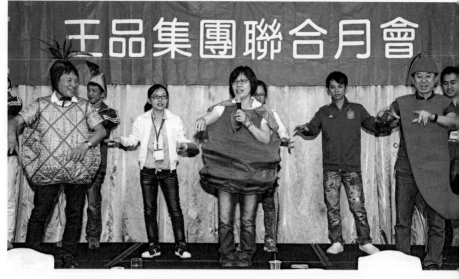

各事業處及總部部門主管
輪流當「著猴時間」主持
人,扮裝帶動氣氛。

言超過表定時間,每分鐘罰一百元,所以會議時間掌握異常
精準。如果會議遲到,不管任何理由,依遲到時間長度罰款。
曾經有一位同仁睡過頭,起床嚇了一跳,只有包計程車由台
北趕到會場,整整遲到兩小時十五分,當場罰款 13,500 元,
納入聯合月會公積金。

聯合月會特別規定不能罰錢買時間,所以在發言時間結束前
三分鐘會提醒一次,結束前一分鐘再提醒一次,時間到就鐘
聲大作,並播放超級大聲的搖滾樂,同時將麥克風消音。王
品上下每個發言者都怕鐘聲響起,連董事長也是,只要音樂
聲一響,會場就滿堂哄笑。

▶著猴時間:這也是王品會議特色,雖不喊口號,但由總部
及事業處主管輪流帶動唱,可以改編具有王品精神或趣味性
文字的歌詞,教大家一起動手動口歌唱,成為一項帶動團隊
士氣的歡樂儀式。

會議提振士氣，展現企業競爭力

為了讓會議流程多元且富變化，行政準備工作就相對複雜繁瑣，例如：發出行程、製作號碼牌、座位牌、識別證、事前場佈、製作簡報……等，只有掌握所有行政事務到位，才能讓會議有精湛演出。王品集團深信行禮如儀、照本宣科的會議只會耗損無謂的成本（開會時間×時薪），**讓會議成果充分發揮就是企業競爭力所在，而行政設計的貢獻就是企業競爭力的展現。**

王品會議很不一樣，其實就是透過一些特殊儀式的安排，使會議不要太僵化、制式化，可以讓與會人員感受到不同的會議氛圍，提振團隊士氣。避免會議太枯燥，是王品行政團隊的設計重點，不只聯合月會有抽籤、著猴時間，每週中常會（公司最高決策會議）也是一樣，抽籤入席，並由中常會成員輪流設計「開會歌」，在開會前先帶動唱，精神抖擻一番。

這些會議模式每進行一段時間，就又有人提案做修改，會議程序也會改變，就是不希望產生固定模式。不斷創新就是王品人的DNA！「從多元中取得一致，從多變中取得平衡」，是王品的行政哲學。

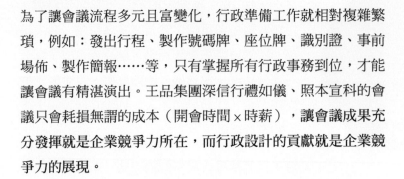

行政素描

運用會議結構元素，依照組織原則，透過不同媒材，產生不同效果，也是一種行政創作力。—— Tom

競爭力不只是攻城掠地，攻心為上也是相當重要的力量。—— Tom

追求第一，
創造唯一
家族大會

03

「王品家族大會」是公司重要的企業文化活動之一，從 1993 年創業的第二年就開始舉辦，主要對象是各單位主管及其直系眷屬，藉由每年一次的會議和聯誼活動，讓家人可以了解公司經營狀況，並透過近距離互動，產生緊密的支持力量。從最早僅十人，到現在已是兩千多人的家族活動。

每年我們都尋找最新鮮的方式（新搭乘工具、新飯店、新景點等）來進行活動規劃，強調行政創意才能表達對王品人的尊榮服務，所以我們包火車、包高鐵、包飯店、包樂園……，加上新家族成員的宣誓儀式、傑出主管表揚、家庭聯誼活動等，一個活動程序即代表一個內聚力的交心。每年的王品家族大會，就是一種企業文化的傳遞，文化底蘊愈濃厚，家族凝聚力愈強。

台灣高鐵史上第一次包車活動

2008 年，王品是台灣第一個包高鐵辦活動的企業，整個過程雖然崎嶇不平，但也艱辛度過。非常謝謝前高鐵殷琦董事長的首肯，在台灣高鐵剛剛起步營運期間，就讓王品家族成員可以包車由台北南下，到墾丁參與活動。我可以感受到所有王品人的驚喜，這種「追求第一，創造唯一」的精神，必定讓大家感動不已。

因為是台灣第一次，行政規劃上特別困難，完全沒有任何經驗可依循，必須花更多時間掌控風險。經過多次與高鐵協調溝通，我們充分了解高鐵營運的關鍵要求，以「準時度」、

左：「包高鐵」規劃困難，
其中之一就是所有同仁要
在列車停靠月台時間內，
準時安全地上車。

右：戴董在高鐵車廂為同
仁分送牛排。

「安全性」與「不可誤點」為最高原則，王品所有搭乘同仁
必須全力配合，如果人員未能及時上車因而造成誤點，將會
影響高鐵聲譽，貽笑全球。

王品行政部門責任重大，嚴格要求同仁在各停車點月台上準
時就位，並在停靠時間內全部進入車廂，不能讓高鐵公司有
多餘的擔心與顧慮。我們動員各區主管負責指揮與管理，把
同仁及眷屬進行編組，有點名協助組、行李運送組、緊急應
變組等，先分散至各個不同車廂入口預備，列車一到站，就
要馬上動作執行，人員上車及行李上車都有人協助。

對第一次搭乘高鐵的同仁及眷屬而言，這次真的開了眼界，
在大家都還對高鐵陌生的年代，我們營造了許多長輩和孩子
的驚喜與悸動，很多同仁及眷屬結束活動回到家後，都迫不
急待與親戚朋友分享。活動迴響之巨大超乎我們預期，這就
是我想要達到「追求第一，創造唯一」的行政精神。這些感
動與回饋，才是價值！

驚喜要懂得把握

這次活動還有一段插曲,當我們抵達左營高鐵站,同仁及眷屬浩浩蕩蕩準備出站去搭遊覽車往墾丁出發時,卻遇到總統府特勤人員擋住去路,要求我們先行移動至休息區,暫緩出站。

原來當天總統碰巧要到高雄召開會議,他比我們搭晚一班高鐵南下,基於維安問題,必須先清空高鐵站的出口。

為了不讓一大群人空等,我靈機一動與總統特勤人員協商,在總統抵達左營時,讓王品集團同仁及眷屬們列隊鼓掌歡迎他,總統也可以和大家握手互動,展現親民作風。經過充分溝通協調後,維安主管肯定王品集團的社會聲譽,確認不會有安全疑慮後,決定依我們的建議執行。

總統絕對沒有想到,當他抵達左營高鐵站時,竟然有 600 多位王品人歡迎鼓掌,總統也很大方地與同仁及眷屬們互動、握手、問候和合照。大家能近距離看到帥氣馬總統,同樣也是樂不可支。這樣的結果,讓我們化尷尬為歡樂,也為這次的活動製造了意外的驚喜。

在王品家族大會上,有同仁忍不住發言說:「管理部不僅可以安排搭高鐵,還可安排與總統見面,真讓我們感到榮耀!」當場所有同仁及眷屬都為行政團隊成員大力鼓掌,高喊:「讚!讚!」

行政工作要做到讓大家都感受到你的努力,願意報以無私的讚賞與肯定,確實相當不容易。接下來就有同仁問我:下一次要包什麼?遊輪、飛機、航空母艦(根據調查,美國退役

在高鐵上辦活動 正夯

王品招待股東搭車吃牛排

【台北訊】日前王品集團招待股東在高鐵列車上吃大餐,如此有創意活動,企業想要與台灣高鐵合辦也行。

王品集團招待全體股東兩天一夜墾丁旅遊行,選擇高鐵作爲交通工具。集團董事長戴勝益發揮創意,首創將高鐵轉變爲牛排餐廳,並成功製造出話題性,吸引媒體廣泛報導。

近來許多企業及公關、活動公司打算和高鐵結合所產生的高話題性與活動效益,是否可行?

代理高鐵媒體的新極現廣告表示,如果沒有經過活動申請核可程序,是無法在高鐵列車上舉辦活動。因爲台灣高鐵在安全、服務以及作業程序上的標準,是遠高過於其他運輸服務業。

除了車廂外,高鐵全線車站同樣規劃了許多商展空間,可提供企業單位及公關公司舉辦活動。

自2007年至今,已有包含SONY、馬爹利、Mercedes-Benz、AUDI、NISSAN、花旗銀行、HITACHI家電等案例。

若有興趣,請洽新極現廣告。電話(02)2509-0577,www.x-line.com.tw。

王品集團董事長戴勝益穿上廚師服,將知名的王品牛排親送到每個座位上。
新極現廣告/提供

媒體紛紛大篇幅報導,行政創意也能創造宣傳效益。

航空母艦可以外包)……?其實如果「太空梭」可以包,我也會想辦法去做。

當然,當天媒體不但有大篇幅報導,後來就連高鐵公司也主動打起「包高鐵」的服務廣告。行政要有價值,就去追求第一、創造唯一,不只能獲得同仁肯定,更爲企業品牌加分。

行政素描

創造一個讓人收藏的作品,只有第一。—— Tom

第一,才有機會非凡。—— Tom

不要平凡,創造非凡。—— Tom

沒有藉口，
就是上吧！
王品新鐵人

04

公司要永續發展，同仁要健康百歲

自 1997 年 10 月，王品集團推動「日行萬步」起，王品人健康圓夢計畫就此展開，也成為管理部持續推動的重要業務。2000 年，由原來教育訓練的 206 學分中，另設立「社會學分」，首先推出 300 計畫（一生遊百國、登百岳、吃百店），只要通過規定標準，就給同仁一個學分，社會學分沒有上限，鼓勵王品人有終身學習與挑戰的目標。

「王品新鐵人」則是從 2004 年開始，結合登玉山（3,952 公尺）、泳渡日月潭（3,300 公尺）、鐵騎貫寶島（500 公里）、半程馬拉松（21 公里）等四項，不會游泳的人可在馬拉松與泳渡中擇一。三項通過，就可得到王品新鐵人證書，在年

度尾牙上由戴董頒發獎牌一座，是一輩子的榮耀。

王品人強調實事求是的做事態度，我們也以「只有通過正式認證，紀錄才是真的！」的精神去執行。至今，「泳渡日月潭」已有633位同仁通過，「登玉山」有523位，「半程馬拉松」有387位。猶記得當年（2005）首次辦理「鐵騎貫寶島」，訂製的是登山車，輪子特寬且有顆粒，害得第一批挑戰者不僅屁股腫得像「麵龜」，連腳都腫起來。管理部立刻檢討改善，至今每年都要舉辦六梯次，已有805位通過考驗。

藉由「新鐵人」的考驗，體能與意志力會被磨練得特別堅強。每一位同仁都有本錢從工作狂進化為生活家！

推動同仁圓夢計畫，活動
的安全與紀律，是管理部
第一要務。

推動同仁圓夢計畫，需要完善的規劃，有系統的運作，並強
調活動的安全與紀律，管理部無論在專業團隊協助、系統管
理及貼心服務上，都有特別的設計。我往往也是第一批前往
測試與挑戰的成員。

挑戰 EBC，一趟驚奇之旅

2011 年，董事長召集通過王品新鐵人的主管及眷屬九人，
以台灣第一家企業率隊挑戰「聖母峰基地營」（Everest Base
Camp，簡稱 EBC）。為推動董事長鼓勵王品人擴大視野、
膽識及格局的自我挑戰，不只活動過程中需要面臨很多體能
考驗，同時也有許多行政籌備上的應戰，當中的艱辛不足為
外人道，卻也給了我開發無比潛能與行政格局上的突破。

EBC 位於喜瑪拉雅山脈上，橫跨西藏與尼泊爾之間，從尼泊
爾方向出發，第二天即可在 3,400 公尺以上高度行進。海拔
5,364 公尺的基地營是攀登聖母峰前的訓練及準備營地，已
在 1979 年被聯合國教科文組織列為世界自然遺產，是喜愛
登山者一生一定要去一次的挑戰性路線。

這趟旅行採健走方式，來回需要十五天時間。每天走在四千
公尺以上的高原山徑，沿途七、八千公尺高山矗立在旁，令

人震懾於那壯闊冰川和雄偉雪峰，但也隨時要面對稀薄空氣（含氧濃度只有平地 50%）和突然襲來的高山症、夜間攝氏零下 40 度低溫等嚴苛考驗，使行程充滿變數。雪地裡如苦行般緩步前進，呼吸單純到只為跨出下一步，此時生命中所有的紛擾逐漸沉澱，身體疲憊到極限，思緒反而澄澈透明。

面對雪原的冰冷空氣，每個人都用頭套緊緊包覆，除了風聲，只能聽到自己的呼吸聲。有人不適，大家慷慨分享所有藥物；誰想放棄，每個人都為他加油、共度難關。大家總是打起精神互相鼓舞，雖然還看不到目的地，仍以鬥志豪情迎接每一天的未知探索。愈艱辛，愈能淬鍊出深切的友誼，所有的甜美與磨難，在每位成員的心口，深深地蝕雕出一道共有的記憶刻痕。

腳下踩著千百年不變的山徑，沿途經過數不清的瑪尼牆、瑪尼堆、經幡、轉經筒、小佛塔，處處充滿新鮮與驚歎，也感受到當地人民的虔誠與樸實，以及宗教維繫人心與文化的力量。爬上布滿冰磧石的陡坡，即將抵達崖頂之際，突然一座座石塚映入眼簾，經過嚮導解說，原來這些都是挑戰世界第一高峰不幸罹難的英雄。襯著猙獰巍峨的連綿雪山，眾多碑塚更顯得人類的渺小無助，也挑釁著後續登山客的勇氣。但我們不想征服什麼，只祈求可以平安無恙地完成這段人生體驗。

當國旗插在 5,364 公尺高的基地營，在寒風中展開、飄揚，我的眼眶不禁泛淚，身體雖辛苦地喘著氣，心裡卻踏實無比！再將王品集團旗插入冰河頂端，大家振奮地高喊：「王品加油！」「我愛王品！」也啟動了王品集團每年挑戰 EBC

雪地裡如苦行般緩步前
進，淬鍊是為了勇於突
破，挑戰未知。

活動的開端。

從大山間領悟團隊力量

這段路途，帶給我行政創作的感觸更多：

▶團隊力量：物質面的享受，難免帶有炫耀心理，容易造成同事間猜忌隔閡。只有大家齊力抵擋艱困時刻的風霜雪雨、共享旅途景色的快樂悲傷，才能拉近彼此距離，讓團隊凝聚更緊密、更正面的力量。管理部團隊雖只有五人，但我們身經百戰，挑戰無數次艱難任務也是如此。

▶全力奮戰：參與王品第一次挑戰 EBC 健行，是我工作與人生另一次潛能突破。能親眼看到喜瑪拉雅山脈雄霸一方，插天雪山峰峰相連，如此宏偉磅礡景色，是給全力奮戰的夥伴，付出無比勇氣與最大努力後的回報。管理部在每辦過一次大型活動後，常常面臨身心靈大量透支，但一次又一次的突破挑戰就是一種成就。

▶革命精神：工作中面對多變環境與嚴酷績效考驗，必須保持奮戰不懈，才能得到最後成果；這不就是挑戰 EBC 的過程？當大家精神、體力都消耗到臨界點時，把有高山症及體力較弱的成員安排在前面先行，用意志力與團隊精神超越個人極限；這就是團隊革命精神。

▶身先士卒：身為活動主辦者必須身先士卒，王品首次前進 EBC 之行，我除了執行還負責隨隊攝影。當別人抵擋寒風前進時，為拍攝隊伍畫面，我還是裸手拍照，凍傷也抵不住我的使命感。當隊伍前進時，我必須先押隊，再持續衝前取得隊伍前進畫面，相機因手凍傷摔下三次；當大家休息時，

我必須提早數十分鐘先至定點拍攝。當肩負行政任務在身上時，「沒有藉口就是上」！

▶贏得成就：贏得榮耀與尊重，需要付出更多心力。當隊伍在壯麗的昆布大冰川上緩慢前進時，我快速趕到另一山峰，拍下「2011年聖母峰基地營健行（EBC）」海報照片，這就是完成工作挑戰後所獲得的滿足與成就感。當然，也爭取到許多媒體報導。「現在不做，一輩子也不會做。」台灣第一家企業率隊遠赴聖母峰基地營健行的工作，劃下完美句點。

順利攻頂回國後，我進行了部分行程調整、物資準備及人員加強訓練等籌備，已順利完成四梯次、41人通過的升級版新鐵人挑戰。

王品集團以攀登聖母峰的壯遊經歷，於2012年榮獲「第八屆遠見雜誌企業社會責任職場健康組楷模獎」，以及「台灣新百大旅行家」企業組冠軍。在王品，「每一位同仁都有本錢從工作狂進化為旅行家！」讓每位同仁勇敢挑戰心中高度，使人生更加豁達。

行政素描

逆境其實益處良多，就像蟾蜍又醜又毒，頭上卻帶了顆寶石。
——莎士比亞

藝術家都用創造力克服了種種困難，改變人生，我們就是行政藝術家。—— Tom

態度決定高度，眼界決定境界。—— Tom

05

讓旅遊的元素
化為藝術
同仁旅遊（1）

一生遊百國

從 1995 年開始，王品集團就提供滿一年以上的全職同仁每年免費出國旅遊的機會，希望透過這獨特的福利讓同仁感到幸福，並能持續留下來與王品一起奮鬥。後來也將這項福利轉為公司重要的文化儀式來經營，同仁到世界各地旅行開拓視野，培養格局，「一生遊百國」已是王品集團重要的企業文化。

國外旅遊是管理部每年重要專案之一，也是所有同仁票選心目中「最幸福企業指標」的條件排名第一位。

每年管理部開始做出國旅遊路線評選時，就可以感受到同仁在工作中的腦內啡特別興奮，從初評、複評、決評到路勘，一次又一次讓同仁的腎上腺素持續飆增，等到同仁正式報名搶梯時，那幾近狂熱的現象，只為在線上一決勝負。

每年這個時候是同仁最緊張的時刻，大家各展所長，搶在手機、網咖、辦公室電腦前廝殺，絕對無法想像，王品的國外旅遊搶梯，只要五分鐘就可完成 5,800 多人的報名作業。每一個搶到梯次的同仁都是振臂歡呼：「我中了！」簡直比中樂透還興奮。

上述情境就可得知王品同仁出國旅遊的盛況，以及行政部門所要承受的壓力。從報名後的行政作業，到正式出團，過程中還要接受同仁「出國旅遊滿意度調查」，王品將該滿意度列為管理部工作績效，因此工作壓力之大不可言喻。隨著滿意度每年持續上升，對這些服務業菁英而言，不僅產品要

好、服務要好、價格合理外,更要讓他們覺得參加同仁旅遊可以獲得最好的旅行體驗。行政創作的難為處,在於如何透過精心的設計與市場其他旅遊競爭外,還能讓每年參加人數持續上升,同仁家人也把王品國外旅遊當成家庭重要活動之一。

剛開始辦出國旅遊時,參加人數連一車都湊不滿,僅 30 人左右,到現在為了避免影響同仁出團時間與權利,必須立下特別限制(僅全職同仁及二等親以內眷屬可以參加),這些慎重的條件資格,就是因為已經做出口碑,想要參加的人數太多,恐怕影響現有同仁權利所致。2014 年,我們創下四條路線共 5,855 人的出團紀錄,幾乎擠爆報名系統。從春天開始出團,一直到冬天結束的盛況,已經比一般旅行社全年出國團數還多,行政部門甚至被同仁戲稱為「王品旅遊事業部」。

滿意度破紀錄的秘訣

每次承辦國外旅遊壓力都很大,不只滿意度,還要面對突發事件(如颱風、地震、禽流感、北韓挑釁、政府暴動等)的考驗,必須逐一克服,讓同仁順利平安回國。2014 年同仁給管理部打下總滿意度 97.5 的高分,打破歷年王品出團的最佳滿意度紀錄,連承辦旅行社都大呼驚奇。

王品在國外旅遊的設計創意上,是每家旅行社想要知道的秘密,市場上傳聞王品走過的旅遊路線,多半成為該旅行社主題行程。王品與航空公司、承辦旅行社、國外餐廳、飯店、景點負責人,甚至當地觀光局,幾乎成為一個生命共同體,

共同創造新觀光資源，也引領客製化經營及設計的風潮。

旅遊行政的 7 關 33 卡設計，就是我們獲得高滿意度的秘訣：

一、初評階段

▶定目標：王品同仁旅遊辦理至今已十八年，每年都會事先提報出遊國家、地點及基本資訊等，還會提供路線的預算金額（視天數、路線不同），強調行程近年不重複，貫徹四新

王品管理部已被同仁戲稱為「旅遊事業部」，報名過程熱烈，出團滿意度和參與人數每年穩定成長。

策略——新景點、新玩法、新飯店及新組合，來提出旅遊設計。

▶知差異：王品要求承辦旅行社必須拿出具競爭力、有特色及夠資源的旅遊產品在初評會議中簡報，王品只強調創新、差異、有新餐廳、新旅館、新娛樂及新包裝。我們針對十家以上旅行社所簡報的優勢產品與附加價值進行了解，並與私下所做功課比對，如此也能提升團隊的專業度並趁機學習。

▶解實況：海外旅遊國家眾多，配合旅行社提供的資訊，讓專家為我們先行剖析，可以更早確知各國旅遊的優劣與機會，不為殺價而選擇風險高又缺乏滿意度的行程，如航班專屬（沒優惠空間）、政經不穩、該國觀光資源有限（爭取加值機會不多）。從第一手了解實務，才能掌握關鍵，創造價值。

▶找創意：透過旅行社的簡報說明，尋找產品的可看性、可玩性，甚至可創新性，同時也檢視其創新能力、資源多寡、用心程度及服務企圖心。創意其實來自各方的創新組合及新機會，若再加上王品的行政設計手法，才能在旅遊滿意度上勝出。

二、複評階段

▶求民意：經過初評，篩選出可行性旅遊方案，並避開近年出國地點，創造新景點。所有決策都必須有民意基礎，接受質疑與挑戰，並設法獲得認同與支持。所以管理部會將旅遊路線、國家、特色等製作成簡報，向二代菁英先行說明票選，接著再於中常會討論票選，藉由他們從基層同仁反應的情報，加上歷年出國經驗，協助管理部選出可玩性高的路線。行政強調民意基礎重於設計基礎，如果設計夠好，且有民意支撐，活動推動上定能獲得較大成功。

▶定規格：經票選通過，旅遊路線明確後，就要開始定規格，包括必走景點、必吃餐廳、預計住宿飯店、娛樂活動、交通工具等。但此時還是保有彈性空間，強調有規格又有彈性，才不會被航空公司或旅行社綁架，以爭取到附加價值最佳的

旅行服務。

▶搶時機：經過初評、複評，距離實際出團還有六個月以上時間。王品強調以時機獲取優惠機會，當決定出團時間提早，在航空公司、國外旅行社、餐廳及旅館等，都可以在淡季或年度計畫中提供優惠空間，這也是獲得更合理價格及最佳商品的機會。掌握時機，也是行政設計重要的關鍵能力。

▶調價值：在複評決定旅遊行程及方向後，必須在這階段調整實質內容，除基本規格外，會在各旅程細部做增值設計（如指定餐廳、無料娛樂、同仁禮物、有料景點、新穎旅館、餐飲飲料等）。在決評前先行提醒廠商可以加值加量，就會有令人驚艷的成果，但重點是掌握最適化、最佳化，千萬不要失去專業判斷，胡亂要求會令人感覺無理取鬧，失去加值機會。

三、決評階段

▶選對象：經過初評和複評，管理部客觀衡量廠商五力：產品力、服務力、行政力、資源力及執行力，篩選出具有實踐能力的廠商。在前兩個階段，也有些廠商會斟酌自身能力而自動放棄某些路線，我們也必須有能力做最佳提報及建議。找到好對象，旅遊計畫才能順利執行。

▶給鼓勵：我們會邀請所有決評中常委，主動對去年曾承辦公司旅遊並獲得高滿意度的廠商，給予熱烈掌聲及肯定。這份最及時隆重的鼓勵，也是合作夥伴前進的動力，不要吝惜我們的感恩之情！

▶重經驗：邀請合格廠商到現場接受最後評選，重點是讓廠

商推薦最好、最有特色的商品。此時，公司最高決策中常會成員憑藉經營管理經驗，透過其不同角色、不同層面，在決評中提出不同觀點，和合格廠商直接面對面溝通解答，一方面考驗廠商能力，一方面馬上決定商品是否進行調整。所以，決評時我會要求旅行社最高決策主管到場，以便當場承諾品質，甚至是價格。經驗分享，也是提升旅遊品質的不二法門。

▶取價格：透過合理架構設定、品質內容要求、事先結構分析、提早設計行程及實務經驗挑戰等，我們已獲得最佳商品價值。合理價格當然也會在競爭中脫穎而出，我們期待雙贏局面，讓廠商願意服務，而王品也得到最好的旅遊品質。

四、正式報名階段

▶找意向：在正式報名前，除提供旅遊行程介紹外，管理部會進行國外旅遊意向報名作業，此初步報名作業也同時建立出國基本資料檔（姓名、同仁編號、聯絡電話、眷屬名單等）。透過意向調查，先激發同仁對旅遊活動的興趣。每次到店舖，總聽到同仁們興奮地談論今年公司的旅遊地點，要參加幾人……，從他們臉上洋溢的幸福感，管理部更知道責任重大，絕不可輕忽怠慢。

▶練系統：從旅遊意向系統測試作業開始，同仁上網次數會不斷上升，除填寫基本資料外，也可搜尋旅遊資訊、增刪修各項旅遊資料、增加報名熟練度等，因此系統的瞬間承載量也不斷暴增。為方便所有同仁，我們在科技運用上也擴大到手機、平板電腦、外部電腦都可連上內部系統。事先對系統

做除錯防範，當報名正式開始時，要讓同仁感到更公平、公開、公正的報名流程。

▶取數據：透過同仁意向報名，管理部可以事先知悉同仁在該梯次預計出國人數，先協調旅行社向各航空公司申請航班機位，預約餐廳及飯店房間。正式報名後，每位同仁必須刷卡繳費確認出國承諾，也正式完成報名作業。未能及時繳款者，馬上把保留位移除，讓同仁再次報名。在搶梯中有公平承諾，才是掌握數據的重點。

▶造熱情：報名作業開始當天，所有同仁都摩拳擦掌準備搶頭香，正式上線前兩分鐘，網路流量已接近報名全部人數；五分鐘內，所有 5,855 人都已依預想日期和梯次完成報名。這是何等壯觀的場面，比證交所撮合股票還刺激！即使未搶到首選，也能在自己次要時間取得配對成功。同仁搶梯的熱絡令人印象深刻，最重要是管理部同仁透過資訊系統，只花五分鐘就完成 5,855 位同仁出國旅遊報名作業，相信這是台灣最有效率、速度最快的行政作為。

行政素描

旅遊，把握前置作業細微之處，就是結果巧妙之處。—— Tom

在別人認為平常之處，找出不平常的作為。—— Tom

旅遊滿意點在於三西：看東看西、吃東吃西、買東買西（台語）。
—— Tom

鼓勵同仁一生遊百國,開
拓視野,培養格局,已是
王品集團重要的企業文
化。

高滿意度，來自確實且完整的沙盤推演

實地路勘是旅遊滿意度的保證，因為大多數旅行社只是把國外旅行社所提供的路線、餐食、旅館……照抄後提供給客戶參考，部分舊景點的參觀價值已經不高，所以路勘常常是舊有行程的重新解構、組合、再創新，才能做出最有效益及滿意的設計。

五、路勘階段

▶用實車：王品使用大巴士進行踩線作業，剛開始國外旅行社還無法理解，打算派小巴接送，被我們拒絕後，才知道只有用實車測試行駛路線，才能精準掌握各景點間的行車時間，同時也測試司機對路線的熟悉度，並對巴士車齡進行確認（我們要求三年內新車，旅行中也可了解冷氣強度和司機的應變能力）。

王品路勘團常因實車測試鬧出笑話，如每次到購物點停車休息，購物中心總會派人列隊歡迎，結果下車卻只有四、五人，惹得大家一臉疑惑。實車踩線，讓旅程時間設計更精確，也相對減少未來旅行中因車輛狀況造成的不滿意。

▶觀景點：強調尋找景點的魅力和特色，最好要具有歷史性、故事性、主題性、象徵性、特殊性。路勘人員會攜帶一份當地地圖，結合實車踩線，把最佳路線排定，避免路線重複而造成舟車勞頓，強調不走回頭路。

▶設記憶：旅行是一種人生記憶，也許以後不會再次造訪，所以景點、餐食、旅館要特別細心安排，設計可以讓同仁有

踩線團勘察餐廳與菜色，
像新菜研發流程般嚴謹。

記憶點的感觸。例如，在德國鐵力士山雪地、日本立山黑部
前冰山、美國尼加拉瀑布平台、越南下龍灣等重要景點前
大合照；讓同仁欣賞如印象西湖秀、桂林印象劉三姐、上海
ERA 特技團等知名大秀體驗。住宿要安排如新加坡金沙飯
店、澳門威尼斯酒店等特五星旅店，讓同仁享受建築視野與
優質服務。旅行記憶需要獨特性與差異化，當大家有共同的
記憶，才容易拉近彼此間的距離，創造美好的旅行經驗。

▶挑餐廳：餐飲是旅行中重要的滿意關鍵，尤其王品同仁都
是餐飲服務菁英，常年與美食為伍，所以旅行餐食除了尋找
具學習性、有特色的餐廳外，還必須現場直接試吃，調整菜
單，這是最辛苦的事。陪我考察的國內外旅行社成員，每次
為了找餐廳都費盡許多心力，而親自到現場試菜，又是一門
學問。王品人特別注意菜色的豐富多元，強調三個重點「熱、
熟、鮮」，最好還能有主題及典故。

有時為一頓午餐，我們就試了三到五家餐廳，每一家都必須
依原定菜色全部出菜，踩線團成員每一樣都要品嚐，再調整

味道，設計擺盤，根本就是王品新菜研發流程。路勘夥伴經常吃到撐不下去，還是堅持繼續試菜，因為只有自己夠認真，餐廳才會認真起來。試吃結果，不但日後成為旅行社安排高級團必用餐點，也為當地餐廳建立起更具競爭力的菜色，一舉數得。

▶ 訂旅館：在預算中盡量爭取國際連鎖五星級飯店，這是一種品質保證，也是吸引力；但若兼顧團費，至少行程最後一兩天，安排入住具時尚設計感的新穎旅館。飯店大廳要夠氣勢，要讓入住同仁第一眼有「哇」的感覺。甚至我會與飯店總經理直接溝通，要求更好的服務設計，如房間擺水果盤、巧克力盒，提供免費 Wi-Fi，早餐咖啡單點……等。每一細節都要設想周到，這才是真誠款待同仁的用心，要有「我的挑剔，值得你們放心」的氣魄。

▶ 試導遊：王品要求當地導遊要特別挑過，除專業能力外，服務態度和行為舉止也會特別要求。所以，我會在路勘團順便面試導遊，或請訓練導遊的主管來帶團，將我們一路上所設計的景點、餐廳、飯店、購物點及特別要求等加入他們的行事準則，同時也與他們分享王品的文化、禁忌、服務觀念等。導遊絕對是旅遊行程中重要的關鍵角色，導遊帶得好，旅遊滿意度就好。

▶ 論設計：我會在路勘的同時尋找當地有特色禮物，以便同仁親訪時，可以帶回國留念；也會設計一張明信片，提供同仁寄回台灣，創造旅遊後的再次感動。每一個禮物，都是為了讓團員在旅行過程中得到小確幸般的美好紀念。

▶重安全：路勘最重要就是考察行程安全，每一個景點、餐廳、旅館、交通，都必須做安全檢視，如：導遊必須介紹旅館逃生口和緊急避難路線；搭船時必須有足夠救生衣；水上活動必須有足夠救生員，我甚至親自下水游一段距離，感

安全工作做足，水上活動就能玩得安心。

受海邊安全性。有一次在格蘭島，因為試游時發現海潮有危險，此海域就禁止同仁游泳；在峇里島進行浮潛活動時，請導遊在岸邊每兩分鐘吹一次哨子，讓浮潛者舉手告知他的安全。即使當地商家常說我們太龜毛，但安全才是第一要務。

六、出國前準備階段

▶定文宣：旅行也是一種造型表現，同仁國外旅遊的各式文宣，我都會特別設計。從名牌、行李牌、車牌、機場集合點易拉展、導遊旗、旅遊手冊、旅館前歡迎彩條、旅行社專屬網頁、明信片、小禮物，甚至餐巾紙等，每一個旅行過程中會看到、用到的文宣品都需要專業美感，要讓同仁賞心悅目

從名牌、行李牌、車牌、海報、旅遊手冊、餐巾紙、小禮物……，處處都可展現行政設計。

又滿意歡心。

　▶重訓練：出團前，我會到每一家承辦旅行社，與帶團導遊一起分享王品特有的企業文化、注意事項，將歷來曾發生旅遊不佳的經驗予以剖析，過程中如有表現不良者，我們會馬上撤換。這是一種主動機制，透過路勘的好設計，

也要有好導遊做最佳詮釋及服務，帶領同仁感動體驗。

▶建標準：承辦旅行社必須做好一份操團標準手冊，將實地勘線所設計的記憶點、表現方式、服務重點，甚至 Q&A，都要標示操作要點，做為教育訓練教材，所有工作人員、導遊，還有旅行社主管都要熟練。唯有標準，才能確保每一團的品質。

▶測行程：在出團前，如果旅行社有他團也是走王品設定的海外行程時，可以透過其他旅客的出團經驗來檢視，如此更能掌握旅遊品質，並修正未注意到的細節。

▶博感情：在前勘期，由於曾受到當地旅行社主管、景點業者、餐廳老闆、地陪導遊、飯店人員，甚至司機等人的協助，我會親自繪畫小卡片，立刻致上感謝之意；或是將合照沖洗加上相框，從台灣寄回給對方。不僅藉此加深彼此的合作情誼，同仁出團時也可以獲得比別人更多的照顧，只因為王品人非常用心且珍惜這份情誼。

七、出團階段

▶遵標準：我們會檢視各團行程，是否依照操團手冊執行，也允許導遊在標準品質的前提下，可以進行客製化服務，如私房景點、導遊的私房菜……等，讓團員的個別需求獲得滿

足，在標準中發揮創意，為旅遊創造更多歡樂的基石。

▶解狀況：旅遊會因時間、氣候、環境有所變化，必須隨時了解並立即調度，事前雖有萬全準備，但滿意度來自隨機應變。前導安排是我們做到最佳服務的機會，如：抵達餐廳前十分鐘，先電話告知餐廳準備出菜，等團員一到，就可以馬上吃到熱騰騰的餐點。同仁常問我，為什麼餐廳出菜真準時，菜色又不重複？這些是不能說的秘密，「因為一切都在設計之中」。

▶創歡樂：旅行過程就是要隨性歡樂，化標準和設計精神於無形。王品也是服務業，同仁紀律好，互動性高，唱歌跳舞都可融入其中，和當地團體一起創造歡樂。

送上親手繪畫的小卡片，感謝協助過我們的餐廳老闆、飯店人員等，加深彼此的合作情誼。

▶測滿意：經過設計與規劃，實地踩線與細節操作，標準與客製化服務，最終還是要以「同仁旅遊滿意度」調查分數為依歸。同仁將旅行過程中的感覺予以數據化，採不具名有編號問卷方式回收，避免旅行社造假，也提供同仁公開的意見回饋。統計後，做為主辦單位的實績證明。

讓同仁及眷屬愛上我們辦的旅遊，每年滿意度的成長和參與人數的穩定增加，才是管理部同仁的成就感源頭！

行政素描

將尋常的旅行，設計成不尋常的美好經驗。—— Tom

唯有先讓自己感動，別人才會感動。—— Tom

王品集團國外旅遊評選項目及評分表

日期：					□初評	□複評	□決評

評選項目	評選內容	○○ 旅行社	○○ 旅行社	○○ 旅行社	○○ 旅行社	○○ 旅行社	○○ 旅行社
服務內容 （20%）	評選內容與要求相符 （10%）						
	旅遊內容詳實程度 （10%）						
服務品質 （30%）	住宿品質（10%）						
	餐食品質（10%）						
	旅遊景點品質（10%）						
執行能力 （30%）	具有承接類似規模經驗 （5%）						
	導遊及領隊的能力經驗 （10%）						
	廠商商譽（10%）						
	分公司、OP、網路服務 （5%）						
價格（10%）	價格之合理性（10%）						
其他（10%）	創意景點活動（10%）						
總分							
評比結果		□入選 □未入選	□入選 □未入選	□入選 □未入選	□入選 □未入選	□入選 □未入選	□入選 □未入選
說明							

日期：

地點：　　　　　　　　　　　　　　　　導遊：

旅行社：　　　　　　　TEL：　　　　　　FAX：　　　　　　E-mail：

天數	景點	出發時間	到達時間	勘察重點	特色	備註
第一天	通關 — 等候區			☐停留時間 ☐團體集合地點		
	班機 — 起飛／抵達時間			☐班機型號 ☐機上致歡迎詞 ☐其他		
	國際機場 → 前往市區			☐出關時間 ☐上遊覽車至市區		☐遊覽車種類 ☐遊覽車車型 ☐其他
	晚餐			☐用餐地點／區域 ☐可容納用餐人數 ☐菜色 ☐菜量 ☐附餐項目 ☐方便性／衛生性 ☐桌牌製作與擺放		☐菜色拍照存查 ☐菜單取得
	飯店 Check in			☐取得房間鑰匙時間 ☐行李小費 ☐逃生設施告知 ☐房間設備項目 　☐二人房 　☐單人或雙人床__張 　☐盥洗用具是否齊全 　☐房間內自費項目 　☐其他設備 ☐飯店設施→ 　使用項目 ☐飯店設施→ 　開放時間 ☐飯店設施→ 　自費部分 ☐床頭小費 ☐服務台設立		☐飯店紅布條懸掛處 ☐飯店接洽負責人（幹部） ☐飯店周圍： 　☐景觀可看性 　☐ Shopping 商店 　☐消夜地點 　☐夜間活動項目 　☐費用計算
	檢討會			☐整理資料 ☐開會討論 ☐其他		☐特別注意事項
	導遊面談			☐親切度、熱情 ☐專業		
	晚上活動			☐吸引力 ☐安全性		

心若歡喜，菜就好吃

集團尾牙

07

醫生怕治咳，總舖怕吃午

2013 年上映的台灣喜劇電影「總舖師」，創下很不錯的票房佳績，片中描寫近代社會辦桌文化勢微情形，我感動的是「巴哈姆特」網頁上有網友分享：「一道好菜，不只要色、香、味俱全，更重要的是能像一首主題曲一樣，勾起回憶。而這部片做到了。料理、親情、幽默，配上一小撮人生中的無奈，在絢爛華麗的大火快炒下產生了這部令人驕傲的電影。」

其實為所有同仁辦一場尾牙盛宴，也是這種心情；尤其是在中午時段辦理達 1,100 桌的尾牙「辦桌」，在台灣可算空前，更是一件艱困且極具挑戰的工作。

台灣俗語說：「土水怕抓漏，醫生怕治咳，總舖怕吃午（有些食材不能過夜，備料時間又短）。」王品集團本身就經營餐廳，當然了解困難所在，從辦桌場地、用餐時段、挑選廠商、現場溝通、經驗分享、試菜會議、選定食材、烹調技術、動員人力、安全檢核、菜單確認、試作實驗、專業廚師團隊、宴會部團隊、標準作業流程、食材安全衛生控管、服務人力搭配、服裝儀容、桌面擺設、設備管理、餐具清洗、外燴準備、餐食保鮮及運送、採集檢體、宴會出菜口溫度檢測、食材及重量檢測、動線規劃、現場模擬、出菜秀、正式上場……等，一場精彩午宴需要動員多少人力？掌握多少細節流程？

這些幕後近兩個月的準備，只為呈現管理部對同仁的承諾，讓他們在這特別的日子，享受最特別的饗宴。

全面整合，化繁為簡

企業辦桌是一門行政藝術，掌握的不僅是烹調技術，而是透過人、事、物、環境的全面性整合，這過程需要很多人貢獻出智慧、經驗，並透過實作才能完成：

▶熱熱鮮要擺第一：「熟才有口感」：一次出菜 1,100 桌，單蒸籠就要四百個，除食材先行加工半熟外，現場蒸熟是常用技巧。「熱才有溫度」：款待重在溫度，可透過出菜口測溫，更重要的是出菜動線要順暢。我們動員的推車達三百多輛，一定要在六分鐘內將一道菜全部上完，才能吃到溫度與口感。「鮮才有美味」：食材要新鮮、料理要現做，是讓鮮

透過食材重量檢測、溫度檢測、標準化控管、上菜動線規劃等，確保熱熱鮮的料理送到同仁口中。

07

尾牙是企業犒賞同仁最重
要的活動之一，要能做到
好吃、好玩，人人盡興，
而幕後是兩個月的準備工
夫。

味呈現的重要關鍵，還可以掌握「三當主義」：當地食材、當季食材、當場烹調。我們動員二十多位主廚，為 1,100 桌獻上最好料理。

▶標準化掌控品質：為確保口味不會有落差，食材數量和配方都必須有標準化流程，如同王品集團店舖作業的標準化要求一樣。在試菜時，就加入「食材重量檢測」、「出菜口溫度檢測」、「水果甜分檢測」等科學工具應用。標準化精神就是——「東西可以調理，可以加熱，但品質不變，從第一盤到最後一盤，口感味覺都要一樣」。

▶出菜節奏勝速度：為了滿足同仁飢腸轆轆的胃口，行政團隊要求前四道菜要分別設計有料實在的拼盤、特色精緻料理、濃郁厚實湯品，以及有飽足感的米糕或粿條菜色，先讓同仁有飽足感，再依「先飽後巧」的順序出菜。節奏感比速度感還重要。

▶追求速度重演練：節奏韻律掌控之後，再來是掌控速度。速度來自空間規劃，人力及設備配置也相當重要，甚至食材的處理也影響速度（如大蝦要先炸過，再急速冷凍鎖住肉汁，現場只要加熱就能快速上菜）。為達成六分鐘內完成 1,100 桌上菜，連第二廚房的電梯運菜時間也要精心計算。尾牙前一天設桌後，要先演練上菜方式、定位服務桌次人員、執行動線規劃、推車前進方向等，如無法達到標準，除加強服務人力外，設備及空間調整都必須重新規劃。

▶美感促進新美味：餐點擺盤設計，強調美觀大方。從色彩調配、呈現方式到菜色不重複等，必須一道道試菜，進行適

當修正，也須尊重主廚的原創精神。透過美感設計的擺盤，絕對可以提升用餐的視覺享受與美味度。

▶餐桌設計創氣氛：從桌巾顏色、餐具材質、桌面擺設、指示牌陳列、菜單設計、鮮花點綴等，都要嚴格要求。尤其餐具不得破損，絕對要清洗乾淨。餐桌上的視覺設計，是整體用餐氛圍的重要指標；雖然是辦桌，我們仍重視氛圍的經營，這攸關整場的用餐經驗，不得不慎。

▶安全才能足感心：對於食材來源認證、原料抽驗檢查、外燴餐食保鮮及運送、環境衛生等，都要認真檢視。王品也會要求當天派專人現場採集檢體，進行保存。除食品安全控管外，宴會場所的周遭安全與緊急應變也要有所管理，畢竟安全的用餐環境，才能給同仁最感心的饗宴。

辦桌是群體創作，須統籌多面向的用餐結構，從過去強調排場、澎湃及方便，到今日追求精緻、美感、氛圍及安全，行政人員必須更用心承辦一場讓大家吃得實在又滿意的宴席。

大至場地，小至手環的設計，在在需要巧思，重視氛圍的經營。

從宴席設計中去尋找行政工作的附加價值，透過有系統的控管及創意設計，持續挑戰台灣第一場及最多桌的尾牙紀錄。感謝曾與我們一起創作的夥伴，如奇真美食會館水蛙師和晶華酒店團隊等，就像電影中的台詞：「心若歡喜，菜就好吃！」

行政素描

菜煮得再好吃，也無法滿足所有人，心若歡喜，菜就好吃。
——電影《總舖師》

做羹要講究火候，火候不到，難以下咽，火候過了，事情就焦。
——電影《一代宗師》

行政設計不可能討好每個人，但我們可以做好每一件事。—— Tom

透過設計，創造價值

送禮要讓對方感到意義與快樂，重點不在價格高低或包裝精美，而是包在裡面的東西是否打中對方的心。**關鍵要素是「禮物的美學符號」，也就是送禮儀式中最重要的「心意」。**

這一門送禮行政學，必須掌握許多細膩思維及每份禮物所隱藏的情感，為送禮者向收禮者傳遞深層的訊息。用心準備的禮物可以創造出更多附加價值，讓送禮者與收禮者都能喜歡。

很多行政人員拿起廠商送來的禮品目錄，直接挑選符合成本、適合需求的既有設計，就請廠商製作交件。若偶爾在夜市看到雷同禮物，收禮者不知作何感想？王品管理部每年都親自設計禮物，也獲得大家的肯定。數年前管理部曾想測試老闆想法，於是選了「琉璃鼠」代表新的一年開始，也符合當年生肖，結果董事長只淡淡地給我們一句話：「你們想一次解決十二年的禮物設計與選購對不對？」一語看穿了我們的心思，使我們必須更認真去挑選與設計具有意義的禮物，絲毫不敢怠慢。

五大禮物設計哲學

王品對「禮物」有一套設計哲學，送給貴賓或同仁的禮物，必須由意義、質感、象徵、設計、價值等五大符號美學所組成：

▶意義：不同媒材用在同一件作品裡，會產生更多趣味與意義。設計時要盡量創造多樣性來平衡作品過多的一致性，例

如：運用不同幾何形狀的組合、部分琉璃部分水晶的組成、利用雕刻木材組合金銀銅材料……等，依據行政工作者的經驗、想法與公司當下狀況，賦予作品意義。禮物代表送禮人的用心，也可以加入趣味元素，幽默受禮人，讓受禮人會心一笑，產生意外驚喜。

▶質感：藝術創作中的實際質感，就是真實作品本身看起來與摸起來的情形。真實強調觸摸感，所以材質運用相對重要。（例如：玻璃或金屬表面處理的質感就不同，琉璃與水晶也有不同質感表現。）

▶象徵：禮品本身就是一種象徵，透過送禮者選購產品的特徵，來反射對受禮者的一種心意表現。例如：送個比大姆指稱讚的圖像，就是代表對方表現優秀或公司經營很好，有「給讚」的意義；聖誕節送一棵掛有對方公司產品擺飾的聖誕樹，則是肯定對方公司的生產水平。

▶設計：禮物有獨特性、唯一性，才有珍藏價值，有些時候必須透過客製化來實現，在合理價格下，創造價值感才是重點。每年王品都會依年度口號或重大活動，設計獨家禮品以傳達公司文化精神，成品往往讓人眼睛一亮。

▶價值：禮品價值來自個性、質感、象徵、設計等具體觀感，王品還特別注重整

禮物代表送禮人的用心，加入趣味元素，可讓受禮人會心一笑。

歷來王品家族大會禮物。

體包裝，如精美包裝盒、保證卡、刻上收禮者姓名、禮品故事卡等綜合表現，展現送禮誠意。

以 2011 年王品家族大會致贈給每位成員的禮物為例，該年王品股票正式上市，全體同仁為家族大會選出的上下聯為「飆 王品黃金十年，犇 餐飲王國萬店」，期待股票上櫃可以有「牛勢」飛奔的表現。所以我設計了一隻「飛奔手製玻璃牛」（有象徵意義），加上「水晶底座」（具質感），刻上「每位成員姓名」（有客製設計及價值感），及一張「禮品故事卡」（具公司發展及感恩之意）、「保證卡」（具保證價值）、「精緻禮盒」（具質感）等，每次禮物都獲得大家喜愛與珍藏。

卡片題字更要巧妙費心

傳統企業文化裡還有一些儀式性的送禮，最常見的就是慶賀或慰問花籃，一般的做法是聯絡花店幫忙送，誠意雖夠，但

心意難免不足。如何在一片花海中讓自己送的禮物能夠脫穎而出，獲得更多的矚目，就需要創意與差異化，行政設計巧思必不可免。事情每個人都會做，但手法自有不同。

我舉幾個例子：有一年戴副總因膽結石開刀住院，同仁相當關心，不約而同送花到醫院慰問，花籃將醫院走廊都塞滿了。我接到身體還虛弱的戴副總打電話給我，說我的慰問花籃太有創意，讓她和眾多前來探訪的朋友笑成一團。我的行政設計理念獲得成功，由「心意」到「在意」，才能得到感動。我致送花籃書寫的文字如下：

以前的膽顫心驚
現在的膽大包天

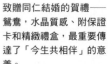

致贈同仁結婚的賀禮——鴛鴦，水晶質感、附保證卡和精緻禮盒，最重要傳達了「今生共相伴」的意義。

未來的膽大妄為

今天全部都切除了

從此我們就安心多了，祝您早日康復！

當然戴副總也和我玩起設計回應的感謝信：

親愛的中常會成員：

我在住院期間感謝各位的關心，更感謝你們送了這麼多的花籃！

醫生在病歷表上寫了八個字「重要人物，小心照顧」，讓我這個「『膽』國元老」受到禮遇。有膽、有義的好夥伴們，謝謝你們！

我的好朋友徐教授榮升「生物科技暨資源學院」院長，我利用他新接任的學院名稱，設計一組祝賀詞送教授，也獲得該學院教授、學生們的歡喜談論：

恭賀徐院長：

生物技術時代先知

科技應用掌握先機

資源整合產學先驅

學院創新引領先鋒

最棒唯您用心先行

一位同事夥伴的父親開畫展，主題是「六十人生，意象創作」。我以他的畫展主題及畫冊標題來創作設計祝賀詞。當天我去參觀伯父畫展，接待組看到我的簽名就知道，他們接待組桌上的花籃是我送的，還熱絡地與我打招呼，並稱讚這盆花有意義，特別放在接待組與大家分享。

六十人生美好又寫意
人生情調豐富展畫藝
意象之旅生命有活力
創作藝術魅力加詩意
祝李爸爸畫展成功

致「威全旅行社」搬新辦公室的感謝與祝福盆花寫的是：

威風凜凜迎新居
全心服務我在行
旅意用心皆歡喜
行程設計揪貼心
社會肯定展新頁
讚聲不斷感謝您

禮物美學如能視為一個作品來表現，將更具有價值感，所以設計禮物者，要有「將禮品送到心坎裡」的精神去挑選、製作、準備，這樣的禮物才能讓受禮者感動。

行政素描

設計禮物不難，要融入心意，鑄成誠意，才能引人入勝。—— Tom

禮物加入故事，傳遞意義，產生記憶，才能代代相傳。—— Tom

握有的不只是質感，還有美感，更有情感，這才叫做「禮輕情意重」。
—— Tom

演講就像一場藝術策展

王品之師

09

術業有專攻的王品之師

王品從 1996 年 7 月開始進行「王品之師」專案，到目前為止，有五百多位王品之師蒞臨王品，分享他們的人生體驗與成功之道，讓王品人獲益匪淺，也是王品企業文化不斷進步的重要動力，是影響團體智慧重大的一項學習工程。

要請到這些在海內外有成就的王品之師相當不容易，這是王品的重要行政工作，由企業關係部當綱策劃，就像一場藝術策展，需要無比的耐心、貼心與用心，這是拜師學藝的誠意與尊重，缺一不可。關鍵重點如下：

▶蒐集資料：王品之師來自四面八方，不同領域，多元學習，才能成就不凡思維。必須審慎及廣泛蒐集資料，並做有效歸檔，如有條件符合者，設法查詢取得貴賓或其秘書電話，以方便聯絡。

▶有效目標：由資料中選定四位以上對象進行邀請，根據過往經驗，四人能有一人同意已相當不容易，因為這些人都是一流的社會菁英，事務繁忙，邀約不斷，行事曆經常都已排滿，要給老師空間，也給自己準備空間。

▶告知來意：王品會先寄送包括公司簡介、邀請函、演講日期、時間、地點、議題等詳細資料，並先行與對方秘書溝通。資料詳盡代表邀請人的誠意，也是對演講者的尊重，讓貴賓了解聽講對象，是成功邀約的第一步。

▶親自拜訪：第一次接觸當然必須有萬全準備，讓貴賓了解

王品人強烈的學習企圖心，由公司負責部門主管親自出馬，並備妥貼心禮物：

1. 精緻、溫馨的禮物一份。
2. 邀約當天演講行程表。
3. 一顆全力以赴、勢必達成任務的心。不怕困難，拜訪當天就是刮風下雨也要淋雨前往，全力以赴完成使命。
4. 另外準備一份禮物給秘書或聯絡人。

▶主辦拜訪：與王品之師確認演講時間，公司主辦兼引言人一定要再一次拜訪，除協助解答問題，也進一步了解雙方需求，做到最貼切的安排與接待：

1. 再攜帶一份精緻、溫馨禮物。
2. 穿針引線，讓王品之師了解公司，也讓引言人了解王品之師特質。
3. 強調不錄音、不錄影、有兩岸視訊，讓演講者沒有壓力，也尊重演講者。
4. 詢問老師來公司交通方式，盡量以「親自接送」為主。

▶行前關心：演講前二十五天寄卡片並打電話聯絡，感謝貴賓的允諾，同時了解演講者現況，再次貼心互動。

▶狀況處理：演講者常會臨時有要事，無法準時到場，必須貼心協調並達成共識，掌握三項確認原則：答應前來、改變日期、或列為下次邀請第一人選，務必展現再次邀請誠意。

▶演講前檢查：

1. 演講前十五天再寄正式邀請函，說明聽講對象。

現場準備，包括桌上布置的整齊線、資料介紹等，都是小細節所累積的服務精神。

右頁：引言人的用心開場，提問的熱烈互動，都讓演講效果加乘。

2.演講前十天製作歡迎海報、與會成員桌牌、媒體資料等。

3.演講前十天再次以電話聯絡貴賓，詢問交通方式，進行溫馨準備：事先幫演講者訂車票，並寄送票券；演講者若提前到達，則協助代訂飯店，同時訂一盆花送至房間，傳達貼心問候。

4.演講前三天再打電話提醒，說明當天會有專人在公司門口迎接。

5.每一次的聯繫，每一次的接觸，每一次的關鍵時刻，都表達王品人的誠意。用心與貼心的行政美學務必到位，這些貴賓都是王品人心中最重要的老師與恩人。

▶親自接送：引言人親自前往指定地點接待貴賓，以前會由公司主管開車，現在改租用大型休旅車，車輛的寬敞舒適讓演講者心情愉悅。

▶迎賓儀式：王品之師到達前，引言人會電話通報，總部大門有戴副總與公關部同仁準備迎接，協助按電梯，並通報樓上董事長就位。董事長會在電梯口迎接，將演講者帶引至董

事長室，與董事長聊天互動。每個細節都是環環相扣，才能展現我們的行政美學。

▶現場準備：貴賓來訪前的環境檢查、與會人員通知、場地布置（歡迎海報、會場海報、桌牌、貴賓簡介）、接待員安排等，都必須逐項確認。文宣一定要大方具設計感，桌牌、茶杯、簡報等都要拉整齊線，事關公司形象。

▶交換名片：絕不是例行公事的習慣性動作，也不是行禮如儀的作業。名片是王品人認識老師的絕佳機會，除了熱情地介紹自己，更要展現王品人的溫暖態度。

▶引言人介紹：王品引言人會很用心蒐集演講者資料，並融入自己想法，讓簡短的引言具備獨特性、趣味性和尊榮感。

▶議題互動：參與人員每次都要先準備發問題目，不能讓演講者冷場，並製造歡樂氣氛。王品強調與貴賓互動，才能讓貴賓暢所欲言，氣氛對了演講者就會感到自在，盡情分享寶貴經驗。（例如，我們會調侃自己，為了聽演講，前一天綵排到很晚，如果表演不好，請老師見諒！每次演講者都被我們的搞笑逗得哈哈大笑，不知不覺就脫稿演出。）

與演講者合照是一種榮譽，讓演講者成為偶像也是一份情意。

右頁：王品之師演講心得，記錄了每一次的收穫與對講者的感謝。

▶隨從安排：隨同秘書也邀請入席，並事先準備好桌牌；專屬司機若不方便進入會場，也要為他準備一份貼心禮物。

▶董事長結語：董事長做總結時，往往用幽默且精準的言語來分享演講內容，顯現他很重視及把握跟演講者的交流。

▶貴賓合照：與演講者合照是一種榮譽，讓演講者成為偶像也是一份情意，為日後聯絡留下一次伏筆。

▶心得回饋：聽講心得要及時回饋演講者，一方面表達對演講者的尊重，一方面也檢視聽講者的收穫。

▶感謝信函：演講結束後，再次打電話感謝致意，並將感謝函、合照及心得摘要等寄送貴賓，讓演講者知道王品的重視與用心。

▶年度之禮：將王品之師納入貴賓系統，使其成為王品重要智庫。三大節日寄卡片問候，中秋與春節寄送禮物，因為王品之師是王品人一輩子的老師，也是一輩子的好朋友。

曾任台北藝術大學校長的朱宗慶教授到王品演講後，在部落

格分享了他的感受：

為了讓我預先對王品集團有所了解，主辦單位周到地提供企業相關資訊，並和我保持密切聯繫；到了演講現場，清楚熱情的指引幫助我快速進入情況；進入會場後，每一位聽講者熱絡的自我介紹，可以感受到他們是真誠地歡迎演講者的到來；引言人沒有照本宣科，而是融入自己做的功課生動地介紹我出場；現場沒有錄音，沒有錄影，展現主辦單位對演講者的尊重……所有一切一切都只是小細節，他們卻都注意到了，並發自內心地把它做好，這讓我對王品人有更深一層的了解。

……一個接一個體貼到家的小細節，是服務精神的真正體現。這一堂在王品集團上了十年的「王品之師」講座，確實讓我上了一堂課，我認為我才是真正獲益良多的人！

……文章所提及的「王品的服務精神」，充分體現當把服務做到極致，並且內化成生活態度時，是如何讓人心悅誠服，恰恰是我們最好的學習榜樣！

行政素描

服務就是看得到的要「貼心」，看不到的要「盡心」。——戴勝益

一切都是平日的累積，沒有捷徑，小成功累積大成功。——埭川實花

如何將知識、傳遞、款待、分享、互動、表演、回饋，看似南轅北轍的元素重新組合，就是一種行政藝術。—— Tom

鼓勵同仁創作

王品集團在台灣有 11,000 位同仁，如果能善用全體同仁創意，力量將不可限量。每個人都是自創一格的生活藝術家，每一項活動也都是一種藝術表現，只要善用眾人巧思，必能得到更多具同仁基礎的實質創意。

行政人員如能事先提供素材，讓所有同仁以當下觀想，融入情感和公司文化，就能有效進行集體創作。藝術創作來自於自願而非順從，心理學家羅洛‧梅（Rollo May）說過：「藝術需要融入。」融入就是自我願意去從事或致力於某件事，而感到自由自在不受拘束，也代表全心投入。

每年一月，管理部都會發出「王品家族大會徵選下聯活動」辦法，由台大中文系畢業的戴董事長先提出當年的上聯，並在集團內統一徵求「下聯」，希冀所有同仁不吝發揮個人創意，踴躍投稿。來稿不限語別，除了對仗工整外，最後一字若能押韻則優先採用，目的就是為了鼓勵同仁創作。

所有作品統一由主辦單位密封保存，不公開投稿內容與投稿者姓名，僅依投稿先後順序，將下聯文字編號列表，交由董事長親自篩選，依對仗、押韻及符合主題意義，選出大約十到十五則佳作，之後再交由中常會及二代菁英成員約七十多位單位主管進行投票，最後統計票數，得票最高者，即獲選為年度王品家族大會第一名金句。除頒發獎金 3,000 元及獎狀一紙外，最重要是邀請得主參加當年度王品家族大會，以

邀請同仁集體飆創意，並
將作品做最醒目的展現與
鼓勵。

示最高榮譽表揚。

優勝作品會掛在家族大會會場最醒目處，並雕刻入當年致贈
的禮物上，做為永久紀念，將榮耀歸於命名同仁。

每年徵選活動同仁都非常踴躍參與，「同仁飆創意」，在工
作中增添樂趣，行政團隊也藉此獲得源源不絕的新點子。

你也可以是○○之父

2010 年，董事長出上聯「呷飯皇帝大　王品的人客攏是皇
帝」，在歷經層層關卡評選後，公布了前十名，赫然發現我
投稿的下聯「作事頭家樣　公司的同仁就是頭家」，竟被大
家選為第一名金句。我當時很驚喜，但也有壓力，畢竟我是
主辦單位主管，過程雖然公平、公正、公開，整個過程都採
不記名投票，但為避嫌，我還是親自打電話給董事長，建議
取消我的獲獎，改由第二名替代。董事長卻回覆我，比賽依
規定進行，票選結果可受公評，該是第一名就是第一名，活
動所呈現的是公正客觀的競賽精神，不須避諱。

王品新創品牌的命名,都是透過徵選,由全體同仁參與發想。集體創意更貼近市場性。

不只是家族大會的上下聯對仗活動,王品連公司新創事業,也是由全體同仁一起提出創意,參與命名,獲得的迴響也很大。這些年來,王品多品牌經營的命名,都是同仁發揮創意發想出來的,也是各品牌名稱獲得社會大眾喜愛與肯定的主要原因。

新品牌創業命名的獲選者,除了有該事業處主管提供的獎勵外,還被封為「原燒之父」、「夏慕尼之父」……等名號。同仁一起飆創意,公司創意更無限!

行政素描

同仁動動腦,公司永不老! —— Tom

平凡無奇的行政不得人心,平凡無趣的行政注定失敗。—— Tom

給同仁不斷創意,讓行政創造活力,讓公司提升效益。—— Tom

王品家族大會歷年上下聯標語

年度	地點	參與人數 人數／件數		王品家族大會（股東會）上下聯	得獎者
1995	草嶺				
1996	墾丁凱撒			豪情四海創奇蹟 真性真情如兄弟	
1997	花蓮天祥晶華			壯志凌雲想飛天 心細如絲似羊綿	
1998	澎湖天人菊			責任因分擔而減少 榮譽因共享而增多	
1999	日月潭涵碧樓			景氣好 合作揚帆 高昂士氣 景氣差 群體努力 同舟共濟	
2000	金門台金			向台灣説 O.K. 向世界説 Hello	
2001	王品中港店 聚餐（台中潮港城）			年度節約一億元 30 年開出一萬家	
2002	王品中港店 聚餐（長榮桂冠）			王者獨霸獅頭山 品牌全歸醒獅團	
2003	花蓮遠來			枕戈待旦耍大刀 一代英雄看今朝	
2004	墾丁福華	55	79	從刀叉吃到筷子 寵壞每一張嘴巴	翁偉桐
2005	台東娜魯灣	58	80	王品獅群 笑談用兵 共創餐飲傳奇 2030 百萬菁英 角逐餐飲第一	侯昌億
2006	宜蘭礁溪老爺	173	239	王品人用卓越征服卓越 貴賓們用滿意超越滿意	簡幼婷
2007	嘉義劍湖山	227	325	創造王品的新里程 沒有滿足只有責任 迎接餐飲的全方位 展現卓越更創佳績	賴美伶
2008	墾丁凱撒、福華	183	355	超物超所值創王品新世界 真心真服務領餐飲好口碑	莊慧明
2009	台中金典	266	462	王品人 敢拚 能賺 愛玩 獲利年 突破 創新 分紅	鄭堯元
2010	花蓮遠雄悦來	461	727	呷飯皇帝大 王品的人客攏是皇帝 作事頭家樣 公司的同仁就是頭家	黃國忠
2011	高雄義大天悦 皇冠假日	463	1013	飆 王品黃金十年 犇 餐飲王國萬店	粘雅惠
2012	墾丁福華	220	358	上市加重了王品人的社會責任 公益豐富了一家人的人本精神	洪淑真
2013	台中福容 麗寶樂園	621	1048	王品上市社會責任 集團精神永續傳承	丁恩潔
2014	新竹喜來登 六福村	686	1123	王品國際化 齊步走！ 集團展萬店 Let's go！	高瑞鴻

得獎是公司最好的行銷利器
得獎計畫

行政屬於庶務性工作，加上業務繁瑣，要馬上獲得大家肯定是件不容易的事，需要長期扎根，累積口碑，才能展現成效。在一般公司組織中，行政部門的服務表現隨時都要面對來自其他事業部門的挑戰，王品管理部的夥伴們就經常自我調侃說：「行政是一個『有功無賞，打破要賠』的工作！」但我總是鼓勵同仁：「團隊如果只求克盡職守，恐怕很難展現出努力的價值。」

啟動公司得獎計畫

王品管理部成立之初，深刻體認除維護及長期耕耘行政業務的實質價值外，更要創造令人有感的有形價值，同仁們反覆思考良久，終於發現，唯一的出路就是：創造公司的特殊榮譽，用最低的行銷預算以及最少的人力和物力，打開公司知名度及企業形象，贏得曝光與露出的機會。

所以，管理部門透過辦理活動所產生的媒體效應，爭取社會曝光機會，主動建立正面形象以積極爭取獲獎，再透過獎項所產生的媒體效應，提升公司知名度及社會普遍印象，行政部門的績效與貢獻也就更相得益彰。

從王品創業之初，行政團隊就積極推動「公司得獎計畫」，每年隨時注意各項企業競賽活動，到目前為止，已經替集團爭取到政府和民間單位所頒發的 20 幾個獎項。最特別的是，這些獎項涵蓋企業經營管理的不同領域成就，例如：創業楷模、新創事業獎、品質管理、策略創新、組織創新、人力創

新、創新企業、職場健康……等，幾乎宣告著王品集團在經營與管理領域的全面性成效。

書面資料若能掌握標題吸引力、內容結構力、客觀公信力及包裝行銷力，就是成功的一半。

王品集團第一次參加「國家人力創新獎」評選，就拿到團體獎與個人獎雙料獎項，與台灣 IBM 一起站在舞台上接受表揚，而「策略創新獎」更是與台積電一起受獎。這些和國內頂尖企業競爭、脫穎而出所獲得的獎項，除了被媒體報導，提升王品集團的知名度之外，最重要是讓公司內部有標竿學習機會。

得獎有撇步

全體王品人在為了獲取獎項肯定的奮鬥過程中，整體經營系統不斷建構、改進及落實執行，同仁全心配合全力投入，讓我們見識到王品人爭取榮譽的企圖心。每次參與競賽，王品人總是士氣高昂、奮戰不懈，力求團結一致，以完成得獎使命。

▶書面申請：資料人人會填，最重要是了解競賽「眉角」及表現手法，掌握得獎關鍵重點。可以參加參賽說明會、收集歷年得獎資料、詢問以前得獎公司準備方向、向主辦單位詢問相關注意事項。每一分努力都會有一分所得。

王品的頒獎活動應援團。

好的書面資料，是成功的一半，把握住四力：「標題吸引力」
（例如：多看一些管理書籍與新創理論名詞加以運用）、「內
容結構力」（例如：依評審項目逐一陳述，佐以實作、數字、
簡圖）、「客觀公信力」（例如：有第三者如媒體剪報的客
觀資料印證）、「包裝行銷力」（例如：字體色彩的視覺美
感、圖文並茂、排版裝訂）。

▶現場勘查：書面審核是第一階段重要門檻，接下來主辦單
位會進行第二階段評審，一種是現場會勘，實地訪談；另一
種是面對評審簡報複審。

若評審委員蒞臨公司，現場布置就相當重要，務求環境舒
適、簡報設備一定要測試好、人員事先彩排模擬、現場效率
展現（例如：有一次評審寫了數十條問題，要我們補說明，
並提供資料佐證，此時我們在另一間會議室內，已組成各部
門窗口負責人，依提出問題馬上交給該負責部門，動員起
來，在評審委員離開時裝訂數冊提供），也要獲得主管支持，

現身說法。

若評審無法來公司，則挑選提報人就相對重要，除要熟悉公司文化、專案推動外，甚至能有主導得獎專案者前往說明，更能掌握重點。

▶得獎頒獎：得獎宣布後，就是王品得獎計畫最後呈現的重要儀式。我們會請公司團隊參與頒獎活動，盡情展現王品人的熱情活力與得獎喜悅，包括穿著服裝、啦啦

得獎只是一種目標，最重要是透過外部競賽，來強化內部協同作戰及標竿學習能力。

隊伍、文宣道具，甚至加油台詞等，都有一套完整設計，務必在頒獎典禮中，讓王品集團受到矚目，也提供畫面多爭取

媒體效應。

王品的大家長戴董事長上台領獎時，也會運用創意爭取曝光機會，有一次，他就自創一格在衣服上繡出王品得獎品牌，讓頒獎現場充滿戲劇張力。

王品非常願意挑戰國家級競賽，得獎只是一種目標，最重要是透過外部競賽，來強化內部協同作戰及標竿學習能力，這些效益能對公司帶來更大的經營成長。也因為得獎專案的執行，逐一擴展管理素質和成長動能，一路朝著台灣餐飲業領導品牌的目標前進。

行政素描

夢想是責任的開始。——法藍瓷總裁 陳立恆

人要有驕傲與羞恥心。對自己驕傲才有動力，有羞恥心才能進步。
——雲朗觀光集團董事長 張安平

要用能力、付出與貢獻，才會贏得尊重。
——奧美整合行銷傳播集團董事長 白崇亮

去學你不會的，你才有機會展露頭角。—— Google 總經理 簡立峰

打造與眾不同
的執行力

行政是一門構圖學

01

練構圖扎穩馬步

行政在質量上，就是將所有事件、物件、資源等元素，配合人、事、時、地、物及預期目標為媒介去組織構圖，透過有系統、有順序、有必要及有計畫的方式做全面性構思，並以被服務者的滿意度為依歸。行政設計就是一門構圖學，這些有效組合方式，將使行政作品產生特色。

累積數百次的行政專案經驗，我歸納出一套行政構圖（見頁142~143），融合了數種藝術創作技巧、行銷企劃手法、藝術心理學等，透過結構化思緒、擴散式分析、秩序性對焦，將各項可能因素盡可能融為一體，也可以加入個人獨特創意，成為一個均衡、和諧，甚至具有張力的基本構圖。

構圖並不只為了讓行政創作者操作眾所熟悉的結構而產生預期效應，最重要是讓創作可以經由更完整思維而避免遺漏，但好的行政創作還是要以實用為原則。**構圖是基礎工作，在基礎工作完成後，更要有效創新、安排畫面、挑戰實況等，這就是行政工作者應該具備的基本功。**

下筆試描

從行政任務被賦予開始，就要有效率且完整地進行行政構思，思考愈周延，狀況掌握愈篤實，你的行政品質與價值更能確保。

▶行政構思：強調先蒐集資訊（如與主管對話），了解被服務者需求，再運用現有標準作業，結合以往經驗，產生新行

團隊就像一個輪軸，沒有彼此共同連結，車子即使加再多油也很難走出去，即使能動也走不快。行政構圖就是一種連結力量的方式。

政創意構思。

▶情境分析：透過綜合性工具應用，在問題點與矛盾點中有效掌握，產生發展方案及決定方向，最重要的是模擬各項可能，除獨自思索分析外，也可以結合團隊構想，透過腦力激盪發現創意，兼顧理性感性。

▶計畫撰寫：透過程序架構，逐一展開關連性與程序性作業，也可透過 5W3H（What 做什麼、Who 對誰、When 何時、Where 何處、Why 為何做、How 如何做、How much 多少費用、How long 多久時間）逐一分析，並將氛圍設計與預期結果列入計畫中。盡可能有圖表、照片，讓整體計畫有數字感、視覺感。

▶事前運作：簡單任務直接執行即可，如果是複雜度高的重要任務，還需要一些時間做事前籌備，如會議溝通、模擬演練、勘查現場及意外狀況處理方案等。行前作業能有效提供執行者在事前確實掌握狀況，確保行政品質穩定。

▶執行計畫：依各項計畫細節逐步落實，產生預期效益，並同步收集執行中的各項資料和照片，做為未來計畫延用或檢討修正之用。無論如何要排除所有突發狀況，以順利完成任務為第一要務。

▶計畫檢討：檢討不是互相指責，不是推卸責任，而是精進未來計畫。透過檢討會進行默契培養、交心交流，為下次任務做最佳表現。每次任務完成，一定要確認效果效益、統計實際費用、時間掌握狀況、合作廠商評鑑、未注意事項補強，及未來可以做得更好的建議。真誠的感謝也很重要，但快樂

一分鐘就好，重新將心態歸零，最是豁達的行政態度。

▶建立標準：經驗傳承相當重要，千萬不能斷層。透過原有的完整計畫，加上執行經驗的累積與有效事後檢討，將這些書面資料予以標準化建檔，進行典範轉移及標竿學習分享，讓更多行政任務執行者在未來有典範可參考。

每一個構圖都是一項藝術作品的毛胚，讓整體行政事務能順利執行。透過不斷地規劃、執行、訓練、演化、再規劃、執行等循環，循序漸進，讓你的工作品質穩定、突顯價值，甚至成為典範轉移，成為公司重要的文化資產。

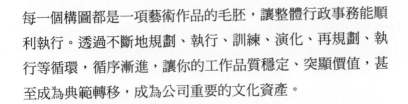

行政素描

有效的行政革新，來自對行政構圖的堅持。── Tom

構圖的結構嚴密只為品質，構圖的美感呈現帶來價值。── Tom

拿出專業構圖讓人「心服」，也是一種工作「幸福」！── Tom

今天至少做一件事情，讓明天比今天更好，那就是把工作構圖畫好。
── Tom

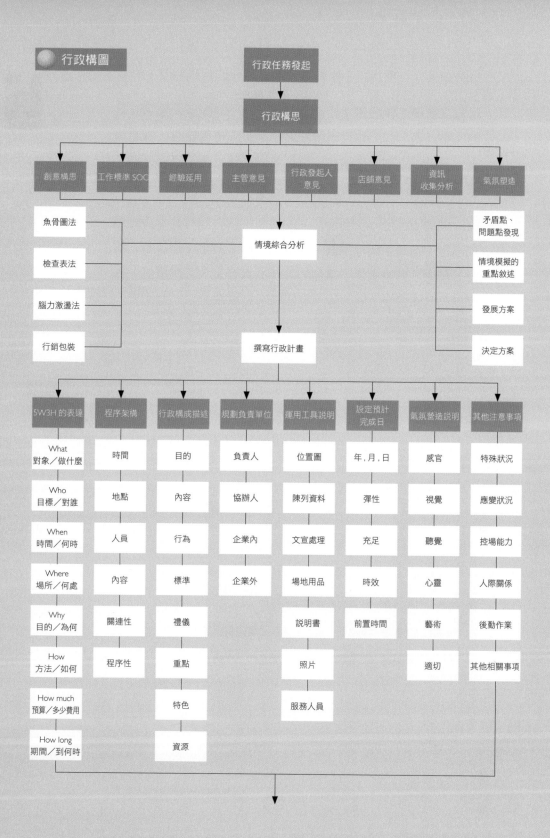

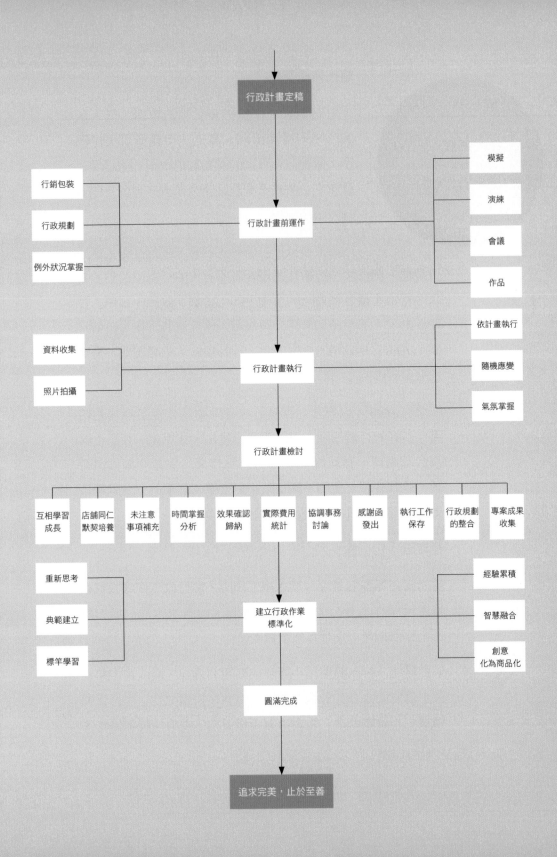

行政有五化，
才能最優化

02

簡化才能優化

「只有簡化，才能把有意味的東西，從大量無意味中提煉出來。簡化並不僅僅是去掉細節，還要把剩下來的景物加以改造，使之具有意味。」英國美學評論家克萊夫‧貝爾（Clive Bell）這樣說。

行政業務似乎再簡單、容易、平凡不過，都是日常性、例行性、持續性在規範著所有人的行為或活動，看來是相當大量且無意味的事物，如：會議、訓練、規章、管理活動等，卻是深深影響公司每個人的有意義工作，日積月累，就能成為公司的企業文化、行為規範、重要儀式，甚至是凝聚團隊向心力的力量。

缺乏有效的行政經營，容易造成勞師動眾或徒勞無功的結果；而好的行政管理，可以透過合理化、標準化、資訊化的整合及處理，藉此降低繁瑣的人為作業，妥善淬鍊集體智慧，並做客製化運用，讓行政不只是眾人之事的有效執行，更能創造眾人事務的滿意及喜悅。

行政五「化」術

要如何在無謂的重複、無意識工作中，使行政工作成為有意義並能精準地執行企業使命，同時又能減少抱怨、增加溝通、有效創作、提升工作價值呢？

▶合理化：行政管理是不斷解決問題的過程，而成長中的企業永遠會面臨各式各樣的問題，唯有「持續改進」才是管理精髓。「持續改進」是對所有工作流程，進行不斷地優化，

讓大家集思廣益，化繁為簡。行政流程愈簡潔，工作愈有效率，改善流程就是提高效率，也為同仁工作帶來尊重與活力，提高同仁的快樂感與生產力。

許多行政事務違反精簡原則，導致效率低落，不斷重複與無效溝通，常是忍耐與等待的過程，造成優秀同仁工作潛力無法正常發揮，處理事務也容易陷入混雜，二者交互作用的結果，就產生人員逐漸消極和退化。事務處理過於混雜，容易滋生弊端，顧此失彼的結果造成組織長期內耗，影響發展引擎的轉動速度，幕僚或事業策略的火車頭無法有效牽動。

在王品集團，若是你的行政事務沒有改善，就會遭受每月一提案的「無情追殺」，使你部門非主動精進不可，如此，合理化是必然的結果。

▶標準化：經過合理化、最佳化的過程改進之後，在一定的規範內，針對共同且經常使用的作業方法與流程，將其有系統地、有秩序地以文字撰寫為作業規範，這就是標準化。

以王品集團目前全台灣近 300 家店，超過 11,000 名同仁在幕後運轉這個龐大企業，必須同心協力，目標一致地前進，而標準化重點，就涵蓋了產品、設備、系統、程序、方法與活動等，最主要的精神就是讓王品的企業文化、產品與服務品質等，都能調整至最佳狀態，來服務所有顧客。

有人說標準化容易被人複製，但若沒有標準化，事業就無法複製做大。戴董事長曾說：「王品不能被複製的，就是企業文化及向心力。」而這些都是在有效標準化下，才能全心經營的行政價值。

標準化必須經由科學、技術及經驗的統合而形成，作業程序可以是一項標準，也是一項共識，更是一種向心力、一種品質基礎。標準化的價值建立於改善產品與服務品質、強化自我優勢與競爭力、增加外界對企業的信任感、降低錯誤發生可能性、增加人員相容性、降低企業成本及有效執行企業文化……等。標準化也可以增進行政經營的成功機會。

但標準化還是必須定期檢討，循序修訂，建立周延計畫，最重要就是「取得共識」，不要「流於形式」。任何行政流程除非標準化，否則不能達到真正行政改善。

▶ 系統化：行政事務經過合理化、標準化後，就必須將這些作業流程統一整合，重點是注重分工合作機制，予以轉化或授權至各階層中，讓已建立的合理化與標準化流程能有效執行。這過程依靠的就是系統化。

系統化的另一個重點，是導入制度化及資訊化。將原本需要多人工作業、檢核繁瑣、容易出錯，且必須管理複雜數字，當中重複性高又經常得運作的各項行政事務，予以有系統地導入資訊化，透過電腦運作，就能大量處理程序繁瑣的工作。在資訊化過程中，最重要的就是善用資訊強項，如：就源管理、防呆設定、批次作業、自動檢核、交叉管理與及時作業等功能，讓行政事務可以公開、透明及有效運作。

減少因使用人工界面溝通而造成的行政抱怨，或行政人員在人性間的無謂拉扯，可以有更多時間及精神，專注於行政創新設計與客製化服務的用心上。

▶ 公關化：在推行各項行政事務時，公關化是不可缺乏的潤

滑劑。公共關係強調推動事務的溝通協調、作業調整與整合能力。有合理作業，穩定品質標準，完善系統展開，但若缺乏充分的溝通、合作、試作及共識，不尊重使用者的觀感或聲音，往往會怨聲載道。行政最難的就在認真有效的溝通、傾聽及意見回應，好工具也要有好夥伴，才能運作順暢。

▶客製化：客製化不僅是差異化、優越化、個別化及專屬化，來創造獨一無二的行政藝術價值，最重要是透過合理化、標準化、資訊化及公關化的充分整合，才能在最佳服務基礎上，做好獨特設計及表現。行政單位因此而有能量，心無旁騖地去打動所有被服務者的心，創造不一樣的行政美學。

以店舖防颱工作為例

台灣颱風多，加上王品集團店舖分散各地，以前颱風警報一發布，各店舖即依店長或上級主管經驗，口頭傳授防颱準備工作，包括準備發電機、沙包、門窗特檢、物流、出勤通報等，基本上都是各做各的，並沒有將防颱工作做有效整合。

後來管理部召開「店舖防颱專案」研討會，找來有防颱經驗的經理或店長，加上總部跨部門相關單位（工程部、採購部、人資部、財務部、資訊部等）一起討論後，制訂出「店舖防颱檢查表」。從中央氣象局發布海上颱風警報起，就啟動所有防颱機制，包括「店舖防颱檢查表」、「天災假出勤作業」、「採購物流作業」、「王品颱風應變中心 App」。

透過眾人集思廣益，將防颱工作做有效整合，並將不必要重複事務予以刪除或整併，就是「合理化」。接著，將重要事項之人事時地物，設計在一張檢核表中（即「店舖防颱檢查

表」標準書），讓第一線同仁用最簡單、快速的方法準備或追蹤，就是「標準化」。如此，全台 300 家店即可同步依規定辦理，對店舖安全預防產生最及時有效的幫助。

此外，管理部以 Whats App 建立一個「王品颱風應變中心」群組，將公司事業處主管、總部部門主管、代理人、採購 PDC 中心及相關配合單位同仁一併納入，這就是「系統化」運作。當啟動後，大家可以隨時、及時監控及分享全台各地颱風狀況。比如台東風雨交加，店舖招牌被吹倒了，透過錄影將實況傳到每個人手上，工程部同仁便能在第一時間，請當地廠商前往處理，處理完畢再以照片傳回。

當時間與空間效率做出來，我們就有更多餘裕做「公關化」的努力，比如對附近住戶予以防颱協助、通報及預防，做到「敦親睦鄰」；企業內部也因為事業處與總部一起連手抗災，建立了工作情誼與革命情感。

當第一線同仁進行防災作業時，主管的慰勞及鼓勵（例如請飲料、送點心），各別單位需求（例如人力專車接送、抽水機不足調度、食材不足撥補，甚至店舖客滿將排隊顧客指引至友店服務等），都可以進行「客製化」處理，不僅不會手忙腳亂，還能雪中送炭。

正因為「行政五化」的執行與落實，才能把工作做到最優化。

> **行政素描**
>
> **創意需要不斷地整合與歸零。**──佐藤可士和
>
> **創新是一種解構、組合、建構而出的新點子。**── Tom

店舖防颱檢查表

店名：＿＿＿＿＿＿＿＿＿＿＿＿＿＿＿＿＿＿＿＿＿＿＿＿＿＿＿ 日期：＿＿＿＿＿年＿＿＿月＿＿＿日

A. 環境檢查　　　　　　　　　　　　　　　　　　　　　　　　　　檢核
1. 疏通排水溝。
2. 清理室內外排水孔，確定功能正常，防止積水倒灌。
3. 接近招牌、電線、建築物之樹枝修剪，防止風災斷裂造成損壞。
4. 確認招牌、看板牢固；戶外電線無外露或破損。
5. 立牌、盆栽等室外物品移至安全場所。
6. 準備沙包、放置活動擋水門：位於地下室或低漥地區店舖，並注意當地雨量及水位。

B. 設備檢查　　　　　　　　　　　　　　　　　　　　　　　　　　檢核
1. 檢查消防、照明及逃生設備，確保功能正常。
2. 檢查門窗、天花板有無裂縫或漏水等情況。
3. 檢查所有開關及水、電、瓦斯線路及管道，確定功能正常。
4. 檢查水塔儲水量。
5. 重要物品、電器設備墊高或移至安全場所：位於地下室或低漥地區店舖。
6. 門窗玻璃以膠帶加強：陸上警報發佈後，暴風圈內之店舖將迎風面門窗大片玻璃貼Ｘ型
   膠帶加強。
7. 備用物資：發電機、緊急照明燈、膠帶、繩索、雨衣雨鞋、緊急維修工具。
   低漥地區：沙包、抽水機、活動擋水門。

C. 採購物流
1. 清點食材數量，預估影響時間提早備貨，在儲放空間足夠下提高安全庫存。
2. 海上颱風警報發佈後，注意採購部「提前訂貨」工聯單說明。
3. 交通中斷，物流無法順利配送時，與採購部緊急聯絡人保持通報及追蹤，並注意採購部
   工聯單。
4. 停電一段時間再復電後，特別注意冰箱內食材保鮮程度。

D. 出勤通報　　　　　　　　　　　　　　　　　　　　　　　　　　檢核
1. 氣象局發佈陸上颱風警報後，注意管理部以工聯單發佈之警戒通知。
2. 颱風登陸時，由店長→區經理→事業處主管→總部主管，回報所屬區域災情及是否營運。
   集團若不營運，總部主管將於 8:30 前決定，並由管理部以工聯單發佈；若未發佈即表示
   維持正常營運。
3. 管理部工聯單發佈後，各事業處及單位主管可視所屬區域災情，自行判斷是否營運，並
   回報總部及所屬主管。
4. 同仁出勤作業方式，依人資部「天災假出勤作業」（如附件）規定執行。
5. 遇有災害發生，依緊急通報系統處理。
6. 同仁情況隨時關懷，一切作為以同仁安全為優先考 。

E. 其他事項　　　　　　　　　　　　　　　　　　　　　　　　　　檢核
1. 店長、主廚與資深同仁組成緊急應變小組，互相保持聯絡。
2. 與水電、瓦斯等維修技術人員及備用水車廠商保持聯絡待命。
3. 準備所屬地區之消防、救護及憲警單位緊急聯絡資料，必要時可請求支援。
4. 檢查店舖「緊急聯絡通訊錄」之更新及確認。

F. 颱風過後　　　　　　　　　　　　　　　　　　　　　　　　　　檢核
1. 招牌看板損壞或電線斷落等有公共危險之虞狀況，立即設置警告標誌，並通知工程部，
   聯絡電力公司或有關機構搶修及檢查。
2. 清查財產損失，若設備損壞通知總部相關單位勘查，並提報設備損失清單給財務部。
3. 整理環境，清除髒污；若有需要聯絡當地環保局噴灑消毒藥劑。
4. 若有傳染病例發生，立即隔離送醫並通知直屬主管及總部。
5. 注意區域交通狀況，若聯外道路仍中斷影響物流配送，知會採購部物流組。
6. 若有意外狀況發生，事後填寫「意外事件處理報告表」。

透過簡化功能，
達成行政效能

王品每年的策略專案都能依設定目標達陣，因此很多人常問，王品的策略規劃是如何設計的？由哪個專業單位負責推動？是否設有總經理室統籌？推動策略上用多少人力？運用多少報表來整合策略？

其實王品沒有總經理室或策略專責單位，僅由管理部兼任統籌，一位助理協助，全部策略專案只用三張重要報表，就可以運作。

王品要統籌 13 個品牌（含大陸共 17 個品牌），朝著公司年度目標前進。策略專案的重點不在人力或管理報表有多少，而是掌握發展目標，取得共識讓大家願意全力以赴，並有效追蹤檢討，協助各單位改善並達成目標。

三張報表搞定策略規劃

「表格不用太多，好用一張就有效」，一直是我在行政管理上堅持的方向。以往行政部門常被第一線營運同仁抱怨，每一次活動或政令宣導都要填寫許多表單，他們服務顧客的時間都不夠了，為什麼繁文縟節的事情特別多？這也常是總部服務滿意度不佳的主因。幕僚單位強調作業管控、書面存證、依法規定等，主要還是在於書面資料過多，這也是營運與幕僚體系最大的衝突與矛盾點。

2001 年集團快速發展，最高決策單位對整體集團未來三年發展及一年計畫的策略目標相對重要，透過整體環境分析、SWOT 分析、競爭者分析、4P 應用、平衡計分卡運用等管理工具的剖析、歸納，戰略、戰術的擬定，最後訂出年度策

略規劃與行
動方案。這
一連串的討
論過程，填
寫數十張表
格，勞師動
眾，當時大
家對於顧問
提出的表格
太多有很大

年度策略會議白皮書。

微詞，幾乎不願意做也產生不悅的反彈。

有些第一手分析資料平常就已和店舖經營緊密連結，顧客滿意度在每時段的顧客用餐建議卡系統馬上就可得知；未來發展店數、營業額、獲利率，由於王品實施利潤中心制，每個單位主管都是老闆，比誰都在乎，根本是每天關心改善。

也因為王品有這些落實的基本條件，以及比誰都在意營業利潤的心情，年度策略規劃只需大方向掌握好，細節行動就應歸入平時管理，逐一追蹤即可。於是在一年內，我們改進到只用三張報表，並將策略作業排入年度行事曆，每季進行一次 3IQ 檢討會，終於確立王品集團的策略推動，且成效不錯。

行政管理五字訣

「簡約主義」是一種時尚潮流，一種文化傾向，一種藝術家理想主義的探索。單純意義在於將內容以簡化形式呈現出

來，忽略其他次要或多餘的陪襯與裝飾。通過最簡單的手段，達到最好的表達效果，一直是不同領域創造者的終極目標。

行政管理也可以運用一些簡約手法，讓真正核心內容達到最佳表現。這五字訣是「消、減、提、創、美」，用來進行有效簡化及深度管理：

▶「消」除：對於一些行政作業、流程、文字、表單等做徹頭徹尾地檢核，不具實質作用的無效作業，都應予以消除。運用「正常或例外」管理，「正面或反面」表列方式呈現。前者如：預測市場或環境分析等，應統合由一個部門做一次總體說明即可，其他單位僅就「例外」做分析。後者如：預算審核項目，可依策略目標進行「正面表列」。

▶「減」少：對一些必要、但不易表現出行政效率的表單程序都要盡量減少，作業以能滿足行政要求為第一考量。從「平行與直線」、「結合與分離」中去減少，例如：屬於直線可布達的作業，就不要做平行布達。又如：多張報表分開報告，就該用減法，強化一頁報告；兩張報表功能類似就合併，重新結合成一張。

▶「提」升：對一些可以達成行政效能與呈現價值的作業，要適度運用「集中與分散」、「擴大與縮小」、「附加或去除」手法，來重新提煉重點並表現亮點。例如：用一張策略執行做法，就可涵蓋整體策略及執行方式。

▶「創」造：要去思考有哪些作業可以創造管理價值，並透過「差異與共通」、「充分與替代」方式，對被服務對象產

生實質價值。例如：品牌部做集團總體及個體環境分析，並結合「顧客紅皮書」，來共同分析。

▶「美」感：讓行政運作感受到簡潔、流暢、務實、質感，最後一定要加入美感概念、使用者感受、多元均衡等因素。例如：策略表格設計得簡單大方，各欄位大小適中，讓使用者感到舒適、方便。

在推動策略過程中，時程、作業、應用表單、定期回應，都可以自動化進行，大家觀念與做法一致又具主動性。在運作時，不可粗糙、無理、沒感覺，這些需要更多心理學、管理學、設計學的綜合應用。策略規劃就是用最少表格、最多共識、最佳方案、最真心力，執行一項年度策略共識的管理。

行政五字訣「消、減、提、創、美」，無論是設計作業流程、優化管理系統、改造經營效能，你都可以利用。

行政素描

少就是多。（Less is more.）
——現代主義建築大師 密斯‧凡得羅（Mies Van Der Rohe）

人沒有抱怨就會有能量，凡事做簡單，才能做大。
——微熱山丘董事長 許銘仁

行政美學就是「簡約中帶來實用，單純中帶來好用」。—— Tom

管理不在形式有多少，而在效果有多少。—— Tom

事業處中期發展目標

單位別：

階段目標	中程					
	2015	說明	2016	說明	2017	說明
店數						
客數						
營業額（百萬）						
成長率						
利潤（百萬）						
利潤率						
0800 通數						
萬人通數 （抱怨＆讚美）						
顧客滿意度						

1. 成長率：今年目標－去年目標／去年目標
2. 利潤率：利潤／營業額

負責單位：事業處

三年中期計畫表

單位別：

策略重點	策略項目	策略目標			負責部門	預算
		2015	2016	2017		

負責單位：Group ／事業處

年度行動計畫表 _ 區／店舖

單位別：

項目	目標與策略	店目標	店去年實績	權重 %	行動計畫	執行進度				檢討頻率	期限	負責人	配合單位
						Q1	Q2	Q3	Q4				
1	目標 策略												
2	目標 策略												
3	目標 策略												
4	目標 策略												
5	目標 策略												
6	目標 策略												

負責單位：事業處之各區／店

04

掌握標準化，
打好內功底子

虛心檢討，建立標準

素描對藝術創作者而言，就是作品準備時的練習稿或草圖。其實行政工作的「標準化」，就是強化基礎訓練及準備前草稿的過程。

行政品質要穩定，並能夠持續改善，甚至做到「客製化」和「藝術化」，就必須強化「標準化」設計及修正程序，最後呈現的書面資料就是「標準書」，或者稱為「檢核表」、「程序書」、「標準作業書」等。這只是名詞運用上的不同，重點是要確保工作品質，持續改善，並產生口碑傳頌，是行政創作最重要的基礎工程。

每次辦活動前，或是訓練新接任務同仁，我們都盡量用自行設計編訂的作業標準書，進行任務傳承及規劃；而在每次完成活動後，也會馬上檢討優缺點，將可深度發揮的技巧納入作業修改，精進下一次活動。

不要小看事後檢討會，這是再一次把自己投入活動或任務情境中，讓自己模擬再精進的機會。多方衝擊及經驗傳承，才是讓自己與團隊快速蛻變的力量。

不要害怕接受批評與提議，當你有準備與模擬時，這些都只是在印證你的思考是否周延、是否還有創新之處。若因用心遭受打擊而難以適應時，把這些批判或讚美轉為書面資料，做為下次成就作品的養分。我常給行政團隊鼓勵：「成之不必在我，是在大家；失之責任必在我，不在大家。」

主持、拍照都有標準書

管理部一年要籌備 300 場會議，小至總部同仁大會，中型聯合月會，到一年一度的王品家族大會，每場會議都耗費公司許多人力、時間及金錢，最重要是讓所有會議都能順利進行，主持人不脫稿演出，隨時掌控會議程序及重點。會議常常有「會而不議，議而不決，決而不行，行而不效」的狀況，標準作業就相當重要。

尤其王品的會議主持人採輪流制（有效磨練與訓練），所以我們訂有「會議主持人標準書」，不會因主持人更換而程序大亂，甚至在標準書中建立口稿，讓基本程序嚴謹掌控，而主持人的個人風格與現場氣氛帶動，就可以不慌張地盡情演出。

王品集團部分品牌為推動更好的服務，店舖同仁在為顧客慶生時都會協助拍照，曾有顧客抱怨同仁拍照技巧不佳，有點失去好意！王副總想到管理部同仁拍照功力一流，便請我們協助訂定「店舖拍照標準書」，包括相機設備、應用軟體、環境設定、拍照技巧等，也對店舖進行統一教學及分享。

標準化四步驟

「標準化」是「客製化」之前的重要過程，要讓標準化做到更完善可行，作業重點在於──解說、示範、試做、回饋等四個步驟。

▶解說：在任務或活動之前，針對執行所依據之標準書、程序書或檢核表，逐條解答及說明，除了告知重點與關鍵時間外，如能請到資深成員進行情境模擬更好。

▶示範：若屬於動作面或實際操作時，就需要先行示範或是親自在旁指導說明。示範是讓標準化能夠落實的重要動作，也是傳承的重要步驟。

▶試做：請要處理作業或任務者，依原標準作業進行試作，或配合實際任務邊學邊做。重點是要真的融入實作，並有人在旁指導及協助。

▶回饋：在過程中除了安排有經驗承辦人員進行技術指導或協助調整外，更需要互相回饋分享。無論在活動中或是事後檢討，分享與回饋才能找出突破機會。

王品的各項行政事務，必須考量作業基本面、使用者頻繁、影響面寬廣，及容易檢核細節等因素，而進行標準化作業，如前述店舖防颱檢查表、總部會議主持人標準書、王品家族大會拍照 SOC 等，才能在服務前發揮掌控品質的重要程序管理。

《給未來的藝術家》作者何懷碩說過：「素描不僅是許多人所理解的用某種工具、材料的圖畫形式而已；更重要的是，素描更是一種獨特的文化觀點所衍生的視覺『世界觀』。」標準作業雖是一項工具，重要的是融入企業文化，揮灑其獨特性，在提升品質的同時也讓行政掌控更穩定。

> **創作素描**
>
> 標準化是創作中維持作品質感不可或缺的元素，是帶動創意價值的重要引擎。—— Tom
>
> 標準化是客製化的前菜，前菜掌握好，整套餐就美味了！—— Tom

總部會議主持人標準書

時間	內容	負責人	備註
會議前	各位同仁大家好： 00 年 00 月的 HQ 會議即將開始，請大家找到自己的位置，儘速就座。		
會議開始	1.各位同仁大家好：00 年 00 月的 HQ 會議已經開始，請大家就座。 2.HQ 會議開始，請起立。（觀察大家是否已就位）唱集團歌。（放音樂） 3.（音樂結束後）請坐下。	主持人	
頒獎時間	接下來是頒獎時間，今天要頒發的是 00，請 00 同仁出列受獎，請大家掌聲鼓勵鼓勵，謝謝！	主持人	頒發證書 學分證書 新人禮物
主持人報告	由主持人說明	主持人	
主席報告	1.請主席報告。 2.謝謝主席。	主持人	
各部門報告	◎各部門主管每人 3 分鐘	各部門主管	
慶生	接下來是慶生活動時間，本月壽星共有 00 位（請主持人介紹壽星進場）！請 00 起音，唱生日快樂歌。	主持人	
媒體分享	◎品牌部媒體分享 10 分鐘	品牌部	
臨時動議	專案申請：視當月狀況予以登錄 ◎本月新人：視當月狀況予以登錄 ◎本月復職同仁：視當月狀況予以登錄 ◎本月計時轉全職同仁：視當月狀況予以登錄	主持人	
歡唱時間	接下來是快樂歌歡唱時間。	主持人	
散會	請主持人宣布散會	主持人	

拍照服務工作站評分表

得分	評分項目	解說	示範	試做	回饋	優缺點
	一.外型與內心					
	1.端正的服裝儀容（完全符合公司規定）。	■	■	■	■	
	2.情緒穩定，保持愉快的心情。	■	■	■	■	
	3.隨時隨地親切有禮、儀態優雅，非常的尊重顧客（親切、和緩、躬身、微笑）。	■	■	■	■	
	二.工具					
	1.相機：使用固定相機，勿臨時更換或用手機拍攝。	■	■	■	■	
	2.印表機，墨水充足。	■	■	■	■	
	3.相片紙。	■	■	■	■	
	4.賀卡（依各事業處規範）。	■	■	■	■	
	三.動作流程					
	1.請客人移動到店舖設定的合照點；但若客人不願移動，則請較專業的同仁拍攝。	■	■	■	■	
	2.使用P模式或人像模式，盡量關閉閃光燈；若太暗不用閃光燈無法拍攝，則使用夜景人像模式。	■	■	■	■	
	3.所有人入鏡的情況下，人像盡量放大，但注意最外側的客人不要被切到手；若相機不能調遠近，就靠自己前後移動。	■	■	■	■	
	4.保持畫面平衡，不要歪斜，並注意避免較高的客人被切頭，需要時可請較高的客人微蹲。	■	■	■	■	
	5.使用連拍模式：每次連拍3張以上，可減少拍攝手震模糊，或有人閉眼睛。	■	■	■	■	
	6.拍攝者兩手將相機拿穩，吸氣先半按快門對焦，注意不要抖動，也不要邊指揮邊按快門。	■	■	■	■	
	7.先半按快門，對焦點在主角的臉部（眼睛），確定對焦完成後再全按下快門拍照。	■	■	■	■	
	8.店內燈光較暗，快門速度變慢，按快門後拍攝者與被攝者都停一秒再動。	■	■	■	■	
	9.看螢幕確定第一次拍攝的成果，決定是否要做調整。	■	■	■	■	
	10.如果照片太暗或太亮：					
	A.暗：+EV調高曝光補償值。	■	■	■	■	
	B.亮：-EV減低曝光補償值。	■	■	■	■	
	C.將相機的對焦模式改為點對焦。	■	■	■	■	
	D.設定包圍曝光：一次可拍3張不同亮度的相片，但較高級的機種才有此功能。	■	■	■	■	

11. 再拍一次：若客人願意的話可以換位置，拍攝時一樣連拍數張。 ▢▢▢▢

12. 兩次拍出來至少有 6、7 張，挑一張效果最好的列印。 ▢▢▢▢

四.注意事項

1. 光線：

  A. 設定最適拍照場地：找出店內較明亮，背景不雜亂，適合拍照的固定位置。 ▢▢▢▢

  B. 避免逆光（拍出來黑臉）。 ▢▢▢▢

  C. 燈光避免在被攝者正上方（臉上會有陰影）。 ▢▢▢▢

  D. 光線最好是由斜上方或由攝影者的背後，往客人方向照射（即所謂順光）。 ▢▢▢▢

2. 白平衡：

  A. 固定相機白平衡設定：試拍相機內設的每一種白平衡模式，找出店內最適合的那種，以避免相片偏黃或偏藍。 ▢▢▢▢

  B. 集團店鋪燈光通常較暗且偏黃，若自動白平衡的效果不佳，可改用鎢絲燈模式（燈泡圖示）。 ▢▢▢▢

  C. 較好的相機可自訂白平衡（色溫），請較專業的同仁調整試拍，自行設定最合適店舖的白平衡。 ▢▢▢▢

3. ISO 感光度：

  設定 ISO 感光度：調高 ISO 可讓所需的快門時間縮短，提高拍攝成功率，光線充足處 ISO 可設定在 100~400，陰暗處可調高到 400~1600，但一般小 DC 的 ISO 太高會產生很多雜點，要先試拍再列印，以確定該相機的堪用 ISO 可調到多高。 ▢▢▢▢

4. 拍照人員：

  固定幾位同仁負責拍照，可找常拍照且品質穩定者培養幾位（接待組或幹部），深入了解公用相機的功能及調整方式。 ▢▢▢▢

5. 基本保養：

  A. 鏡頭：鏡頭上的油汙或指紋，以拭鏡紙或眼鏡拭鏡布清潔。 ▢▢▢▢

  B. 記憶卡：定期格式化記憶卡，避免磁區錯誤造成寫入錯誤。 ▢▢▢▢

6. 列印機：

  A. 熱昇華列印機：耗材、相紙存放於乾燥陰涼處。 ▢▢▢▢

  B. 噴墨列印機：

  1 列印相片專用，勿連接電腦印文件或當作多功能事務 ▢▢▢▢

  2 列印機定期檢查，確定各色噴墨頭無堵塞且墨水充足。 ▢▢▢▢

  3 不要使用快速（高速）列印模式，請選標準或相片模式。 ▢▢▢▢

  4 列印紙質選擇「相紙」或「光面紙」。 ▢▢▢▢

  5 相紙存放於乾燥陰涼處，避免受潮變質。 ▢▢▢▢

總分	被評分人	評分人		評分日期

評分說明：採扣分方式，發現一個缺點即扣 1 分，每項至多扣 5 分。滿分為 100 分。　　　　　　設計者：林澄傑

客製化設計，
行政必修課

05

專屬帶來感動與榮寵

客製化服務的推動，是我非常著力的一項行政設計。我希望讓被服務者備感尊貴與寵愛，日後自然而然成為管理部行政活動的支持者。透過客製化服務，不僅提升管理部門的形象，也表現出與其他公司行政單位的差異性，讓同仁打從心底認同管理部的價值。

每年的同仁國外旅遊，管理部都費盡心機為同仁和眷屬設計客製化行程、餐飲及伴手禮。有一次，一位同仁帶著家人參加了日本東京河口湖之旅，回來後興奮地告訴我，說她的媽媽很感動，因為一進入飯店房間，就看見床頭上擺了兩顆碩大的富士蘋果，旁邊還有兩隻可愛小熊的環保袋娃娃，以及一張溫馨問候的專屬明信片；不僅如此，從出國前的旅遊手冊、識別牌、行李牌到報到立牌，都有「王品遊百國」的專屬設計視覺，讓她家人感到這是為他們量身訂作的行程。這份專屬的客製化設計，讓不乏出國經驗的家人一路稱讚。

客製重點：差異化與個人化

旅遊是一種感動體驗，在看似一成不變的套裝行程中求新求變，就是創造價值的機會。簡略分享客製化設計的兩大重點：

▶ **具有差異化**：別人沒有我們有，依不同顧客提供差異化服務的熱情一定要有。**依據目標需求，配合當地風土民情，結合特有資源，將固有的制式安排一一摒除，因為唯有差異化，才能帶來與眾不同的感動。**

以王品與墾丁福華飯店的合作為例，從入房到逛街，用餐到

為同仁旅遊設計的客製化小禮物，總讓大家愛不釋手。由上到下分別是：小熊環保袋娃娃、琉球泡盛（蒸餾酒）、韓國柿子酒莊的個人化柿子酒、鹿兒島紀念扇、飛驒娃娃。

王品家族大會以夏威夷草裙舞迎賓。

就寢，這些原本看似平凡無奇的過程，雙方卻在細節處盡量做到差異化設計，包含：專屬夏威夷草裙舞迎賓、專屬活動圖騰的個人相片貼、房間內專屬點心吧（擺放恆春特色點心）、衣櫃上放著印有王品 Logo 的海灘袋，袋內裝有活動圖騰的男女海灘鞋、用餐區擺設王品所有品牌的燈籠吊燈、專屬王品菜單、海灘有王品專屬酒水吧台、墾丁街上有王品專屬的冰淇淋機……等。

有趣的是，原本就擁塞的墾丁大街，因為那台王品冰淇淋機而排隊的人龍，更是將街頭擠得水洩不通，還引來管區員警的關切。王品人也發揮不藏私的服務天性，路過的小朋友也可免費分享這專屬的幸福。

▶具有個人化：客製化要做到個人化有點難度，但效果卻最好。為了讓每位出遊桂林的同仁們拿到一支有自己姓名的專屬折扇，管理部在出團前兩個月，就先將同仁及眷屬姓名快遞寄到桂林給當地書法家，請他依姓名放在第一字，題作七言絕句於扇子上。同仁們在桂林搭船欣賞陽朔山水時，導遊

桂林旅遊的個人化專屬
摺扇——以楊雪紅同仁為
例。

開始發放此行的紀念品,當每個人都拿到以自己姓名題詩的
專屬扇子時,臉上無不寫著一個「哇」字,洋溢著滿滿的感
動與笑容。

每把扇子從題詩到書寫,要花 20 分鐘才能完成。正因為個
人化「題字」難度之高,才能產生「驚豔感」。這樣一個客
製化大工程,只要用心設計,掌握時間,還是可以創造不同
凡響的作品。

「加倍奉還」的加賀屋

2013 年設計日本立山黑部之旅時,住宿地點選在日本溫泉
服務第一的加賀屋,當我前往日本路勘,便特別細心去觀察
加賀屋的服務資源。為測試其服務深度,我向女將說我晚上
要畫畫,請她協助提供畫筆和紙。當我晚上回房間時,她們
已經準備好毛筆、簽字筆及鉛筆等三種筆,也有簽名卡紙、
海報紙、圖畫紙等三款紙,體貼的客製化服務令人感動與敬
佩。

王品人當然輸人不輸陣,當天晚上我用盡畢生所學,先用鉛
筆和簽字筆畫了知名景點「兼六園」,再用吹畫技巧將墨汁

上：送給加賀屋老闆娘我親筆手繪的「兼六園」和「勁松」圖。

下：小田真弓女將來台拜訪，送上的「層峰疊翠圖」。

吹一幅勁松樹型圖，還在一旁以加賀屋之名題字落款，一直忙到凌晨兩點才停筆休息。為了表示我的誠意，隔天一大早便將作品送給加賀屋老闆娘小田真弓女將，讓她感受到我的謝意。

我們也愉快地洽談之後王品同仁來此住宿的客製化合作，從迎賓設計、房間小點心與抹茶、專屬禮物、穿浴袍大合照，到升等住房與菜單，全部都是專屬王品的精心設計。

令人感動的是半個月後，她來台北視察台灣加賀屋時，竟指名到台灣的第一站，是到王品集團探訪我。身為台灣服務業領導品牌的王品也當然不

能失禮，特別設計了一套接待貴賓的客製化服務來迎接她：

迎賓 POP：第一印象就讓她驚艷，還特地要求在公司門口進行合照。

迎賓接待：點心特挑台中名產「檸檬餅」＋「銅鑼燒」＋「高山烏龍茶」。

貼心禮物：送上在加賀屋與女將的合照，裱框並用精美包裝紙包裝。

精心禮物：致贈一份「水晶禮物」，刻有她的名字及日本第一字樣。

特別禮物：我特別用加賀屋代表色，創作一幅「層峰疊翠圖」，題上「層峰疊翠，綿延不斷，永續經營，日本第一」字句，讚賞加賀屋的企業精神與使命。

這些客製化接待，讓小田真弓女將感受到王品的用心與尊重，也希望這份感動，讓她留下美好回憶，並期待王品同仁抵達加賀屋時，也能受到她們的用心款待與服務。

加賀屋對王品同仁的招待真可謂是「加倍奉還」，一進門就有迎賓太鼓表演，再由專屬女將引領貴賓入房，房間備有抹茶及和果子，專屬見面禮是「御守午」（馬年御守）；還有豐盛的懷石料理，桌上備有特別為王品設計的 20 週年餐巾紙，另設計一套附有玩具的兒童餐；晚宴有鬼太鼓表演，並安排所有服務女將帶大家一起跳日本舞；邀請大家穿日式浴袍合照，隔天將沖洗好的照片放在早餐桌上送給大家留念，離開時加賀屋所有女將及主管列隊歡送⋯⋯

加賀屋回饋的客製化接待，客房內的精緻茶點和「御守午」小禮，晚宴上特製的王品創立 20 週年餐巾，並集體跳日本舞同歡。

王品同仁在享受客製化服務的過程中，管理部是以最隆重與最尊貴的方式設計所有細節。行政人員與合作廠商間的彼此待客之道，也需要客製化，讓對方感動王品的接待之情，體會我們用心服務的藝術，藉由雙方攜手同心，才能創造更有深度的服務設計。

將台日兩國服務第一的企業混搭，激盪出新的客製化設計，就是融合雙方服務理念的最高極致服務呈現。客製化過程雖辛苦，但一切都很值得。善用客製化設計，絕對是一門行政價值學必修課程。

行政素描

現今消費者所尋求的，不再只是一個滿足需求的產品與服務，他們更在意的是企業或品牌能否提出一個感動他們心靈深處的價值。
——《行銷 3.0》行銷大師 菲利浦‧科特勒（Phillip Kotler）

我們服務的不只是行政，而是所有人的幸福！—— Tom

讓同仁感覺產品的「價值」高於付出的「價格」，就是我們的行政價值。—— Tom

客製化是較少技術層面、但較多情感融入的藝術。—— Tom

運用點線面，
創造大氣勢

不可忽略的行政三線

線條是傳達訊息的基本媒介，平面藝術家常以鉛筆、鋼筆或蠟筆畫出線條，透過線條來表現視覺圖案。線條的物理象徵可能是尺寸、樣式、方向、位置、個性等，但最重要的是，線條有計畫性構成會產生一種力量，一種有秩序、有紀律、夠專業的表達企圖。在行政管理上的線條應用，將相對產生行政質感與專業度，不要忽視這些小細節大效果。

王品在大型會議上要求「行政三線」的設定一定要準確到位，這行政三線指的是：桌子線、水平線和資料線。

無論會議、演講、比賽或大型集會活動，我們都會拉出整齊線來擺設物件，也會事先在活動場地以畫線方式將位置設定，讓參與的人一進入會場，就會產生一種視覺震撼感，這就是行政氣度。

物件的整齊度和一致性，都能展現籌辦單位的用心與認真，也展現行政人員工作的精準度。千萬不要小看這些行政小細節，一個點整齊，就能產生一條線整齊；一條線整齊，就能產生一個面整齊；一個面整齊，就能展現整體會場的氣勢、尊貴與感動。

有條不紊，張力不凡

王品很強調會場的整齊、紀律及品質，所以無論是平常會議、貴賓演講，到全集團聯合月會，或每年重大活動（如王品家族大會、集團尾牙活動、王品盃托盤大賽等），都會要

無論大小會議，桌上的立牌、茶杯、資料等，都要對整齊，展現行政氣度。

求特別注意會場的整齊，大型活動在事前準備時都要用拉線或畫線來一一定位點與線的位置。

另要注意幾項重點：

▶源頭要定位：尤其擺桌時要特別注意桌腳點正確，如果源頭不正確，就算桌面排成一條線，整體也是歪的。

▶拉線要科學：不管拉線或畫線，一定要盡量用科學方法，不能只靠目視測量，畢竟差之毫釐，失之千里。如遇大型活動，管理部會特別麻煩工程部以工程畫線技術來協助畫線。

▶物件要設定：設定物件的基本點，對展開線的表現也有意義，尤其擺在桌面上的物件更重要，桌牌、水杯、資料等正面線條一定要整齊一致。同時可以刻意設計一些反差，如筆與資料採斜 30 度角擺放，可以產生不同形式的線條表現，也會有不錯的效果，這就是造型設計概念。

▶色彩要配置：雖然每個點都是以線條來做最後串聯，但因物件色彩有所不同，如能再考慮物件顏色來做搭配，將會在點線面中產生色塊變化，呈現立體面的表現更優。

▶張力要展現：點與點之間的連接線範圍愈大，氣勢愈強。透過有計畫的點線面組織，構成活動表現內涵，是一種完整且有效的行政藝術表現，所以要掌握整體力量的呈現。

一場會議或活動，若能表現畫面張力與氣勢，將會讓參與貴賓產生別有用心的視覺感動，給予正面肯定，讓整場活動更具藝術性與國際性。

左頁：從點到線到面的整齊，就能展現整體會場的氣勢、尊貴與感動。

桌子線和水平線都可利用工程畫線技術來協助。

行政素描

繪畫元素的基礎是點、線、面，行政也是如此。—— Tom

點帶有張力，卻沒有方向；線不但有張力，也有方向。作品內涵是由基本元素所構成，也就是將元素透過組織表現出來的技法。
—— Tom

如何導演一齣大戲？

07

一場好的行政活動，就像導演一齣精彩大戲一樣，除了需要好的劇本外，還需要不同角色的演員來演出，透過選角與排演將劇本故事融入演出當中，在排演過程的溝通及許多細節的結合，是戲劇成功與否的重要關鍵。雖然過程比結局重要，但對於整個故事布局與舞台元素應用等，又是另一個要確實掌握的環節，如此才是創造劇情張力的關鍵。每個情節都有意義，讓觀眾不斷猜測故事會如何推展，讓觀眾融入舞台上的氛圍，觀眾也是演出的一部分。

身為行政創作導演，要隨時在旁冷靜觀察，隨時因應舞台上的狀況做好調度準備，讓整齣戲碼可以從開場串接到結局，一氣呵成。

十步驟教你活動渾身是戲

編導一場行政活動劇，是一門需要從不同角度來執行的綜合藝術：

▶導演：任何一場活動的主辦者就是導演，要有自己的思考及目標，要不斷嘗試任何可能機會，創造出心目中的最佳戲碼。結局在戲劇開場時就已經決定，要了解自己的演員和觀眾，投其所好，重要的是知道過程比結局重要，不斷歷練會成就導演風範。

▶劇本：每次活動都有主題、內容及形式，透過不同環境、故事、表現手法，進行劇本設計。劇本需要慢工出細活去創造情境，掌握每個情節，打造令人感動深遠的意義。記得要

行政設計的用心程度有多高，觀眾對活動參與的熱情就有多高。

把觀眾也設計進去，讓觀眾也是劇中的角色之一。最後用簡潔一句話，表達這齣戲的核心。例如：「搖滾派對」、「百變嘉年華」、「食尚聯盟，全面開讚」等主題，即代表一個階段劇本，依主題盡情發揮。

▶角色：選角不能只看長相，還要看其特質與表演才華，還要符合劇本的設定。讓演員放心表演，不要限制他們，甚至把觀眾也變成演員。例如：董事長及中常會成員在尾牙演出 Lady Gaga（女神卡卡），同仁 High 到不行！

▶排演：認真排練才有專業演出，任何改變都要再演練過，才能連最差狀況也可掌握。我喜歡在排演時讓大家處於神經緊張狀態，緊張才能專注，但偶爾也要加入一點趣味元素，讓大家樂於參與。

▶布局：掌握故事情節，打造有力且令人難忘的登場，這是一場活動最重要的起頭，若前面冷場，之後要熱場得耗費數

戴董與中常會成員在集團
尾牙演出女神卡卡秀。

倍力氣。善用現場音樂、視覺、氛圍等元素，運用劇本反差
或亮點設計，創造表演中的衝突點及獨特點。掌握每一個演
員特色，也能預期場面效果，隨機應變。例如：頒發王品年
度新鐵人獎座時，我們邀請當年通過的同仁變裝穿泳衣、運
動服、背登山包、騎腳踏車進場，獲得全場同仁叫好。

▶溝通：活動需要不斷溝通、調整及平衡，先向大家說聲謝
謝，感謝來自對大家的尊重及懇請。我希望「親切開始，專
注結束」，確認每個人都能同心在演同一齣戲，這才是真正
使活動辦成功的精神。以「趣味不走味」，「你認真別人當
真」的態度執行溝通。

▶觀眾：導演用心程度有多高，觀眾對活動的參與度就有多
高。由觀眾來連結故事情節，讓觀眾不斷猜想劇情發展，讓
觀眾發笑，讓觀眾一起完成整齣戲。當然，觀眾也是最後的
評審員。例如：尾牙安排各事業處代表隊表演，他們是觀眾，

善用主題、舞台、視覺、
布局節奏，你也可以設計
一場精彩活動。

也是演員，更是表演主角。

▶舞台：善用音效提高觀眾想像空間，透過道具吸引觀眾目
光，把場景化為角色，引導畫面或觀眾表演。主視覺是感染
力的重要印象，在活動中相當重要。導演要善用不同鏡頭說
故事（如寬景、全景、特寫、大特寫、仰角、斜角或俯角等），
讓觀眾產生不同的心理感受。（王品集團尾牙畫面在各大媒
體播放的效果就相當亮眼！）

盡情演出就是好表演。

中常會成員演什麼像什麼，2005 年集團尾牙扮演鳳陽花鼓團。

▶表演：盡情演出就是好演出，隨時和觀眾打成一片，觀眾會因演員的認真而感動。隨時提醒演員：「表現自己最佳的方法，就是好好演下去！」有圖為證，中常會成員演什麼像什麼！事前也必須進行多次練習。

▶應變：隨時保持冷靜，做好場面調度，保留一點應變空間，抱持著「準確執行計畫，但享受意外」的豁達心胸。

運用上述活動構成元素，妥善應用各項媒材，運籌帷幄，盡情演出，必將成就一場精彩萬分的活動展演。

行政素描

行政詩意來自對細節的深度觀察與體悟！—— Tom

成功的作品都是已準備好，並等待意外的發生。—— Tom

不是每件事情都能完美演出，但求完全演出。—— Tom

以儀式啟動
使命感

08

儀式，企業啟動任務決心的原動力

在行政任務中，不管活動多精彩、內容多豐富、程序多詳盡，沒有一個引人入勝的起頭，這項任務就會顯得無精打采，似乎缺乏一種表現形式來產生聚焦作用，也無法凝聚認同感與責任感。行政工作要啟動勢在必行的使命感，要讓任務朝既定目標前進，就需要「儀式」。

公司進行一個任務、啟動一個專案，甚至成立一個事業，都可以善加利用這樣的儀式來形成共識。行政人員必須善用儀式安排，讓參與活動或任務的主管、夥伴們透過公開形式共聚一堂，藉由訊息傳遞、宣誓、物品交換或其他表現手法，賦予或炒熱專案（任務）的認同感與使命感。

王品在 2004 年舉辦第一次「企業鐵騎貫寶島活動」，從台北到鵝鑾鼻，五百公里的路程是相當艱辛的。為了鼓舞參與勇士們的士氣，我們請董事長穿著活動專屬的鮮紅色 T 恤，戴上頭盔、全副武裝地站上以台灣島為背板的舞台，搭配特別設計的腳踏車，進行出發前的宣誓儀式，同時也讓媒體知道王品辦「鐵騎貫寶島」的目的與意義，邀請社會大眾一同共襄盛舉。這次活動經過廣泛報導，也啟動了每年約兩百位騎士參與的「王品新鐵人——鐵騎貫寶島」序幕。

類似的活動還包括：王品登玉山宣誓儀式、王品家族宣誓儀式、登 EBC 授旗儀式等。這樣的事件活動儀式設計，透過公開場合，創造健康話題，激勵同仁士氣，提升企業形象，也展現企業執行力，更徹底傳達了行政的價值所在。

透過儀式設計，創造健康
話題，激勵同仁士氣，也
展現企業執行力，正是行
政的價值所在。

宣誓、授旗,都在激發參
與者的認同感和使命感。

透過儀式來聚焦

行政儀式有許多表現方式,提供幾項做為參考:

▶宣誓:透過這個公開儀式,宣布決心與參與感,激發全體
參加者的能量,一起朝共同目標前進。例如:王品股東證章
宣誓儀式、推動 ISO9002 儀式等。

▶認證:一種完成或通過的見證儀式,藉由這樣的表揚,見
證同仁的努力與成就,表彰奮鬥精神,將獎牌、證書或其他
代表性物件,授予符合資格者,強化其榮譽感。例如:王品
新鐵人證書、百店學分證書等。

▶頒獎:藉由獎項肯定同仁奮鬥的成就感,激發大家共同參
與的榮耀,通過彼此較勁來讓任務更臻完美。例如:最多
0800 零通獎、廚藝國際競賽獎、國家競賽獎等。

▶授旗:藉由一個物件,透過領導者之手轉交參與者,宣達

活動目標並賦予重要使命，來啟動活動或任務。例如：一日志工授旗、登 EBC 授旗、登玉山授旗等。

「儀式」除了上述應用手法外，必須特別注意其嚴謹與正式，因為「儀式」是一種公開表現，各項作業、物件、設備及程序都要特別慎重仔細，才能營造出尊榮感。讓「儀式」在內部產生認同感，形成外部的支持感，內外一致的力量，可以展現最大成效。

行政素描

行政就是化儀式為宣誓，化儀式為共識，化儀式為正事的一種手法。
—— Tom

善用儀式創造形式，透過形式產生內涵，延伸你我共同故事！
—— Tom

要發包，
不要出包

09

截長補短，創造最高效益

企業經營講求經濟效益，當需要資源或發揮更大效益時，常採取發包方式，利用合作夥伴的資源優勢，來執行公司所設定的任務，這是最具經濟效益的做法。但若沒有掌握好原則，常是發包又被抓包，主辦閒閒，公司虧錢，承包商賺大錢。

公部門最常被人詬病的，就是人力編制多，但工作又全部外包，向各企劃公司買節目，猛辦活動、做公關，連簡單的摸彩抽獎都外包，又或者招標以最低價，導致發包品質不佳，浪費公帑外，怕負責任的態度，都大大衝擊公部門形象。

王品行政編制精簡，加上公司活動往往都是數千人或萬人起跳，所動員人力非管理部所能負擔，所以也有許多發包業務，但我們要求夥伴們一定要堅守「發包不代表可以出包，發包更不能被抓包」，更必須「以最低成本，創造最高效益」為目標，執行所有任務。因為所有的支出都是王品同仁在第一線辛苦努力的血汗錢，我們得接受王品所有同仁的檢視，更顯責任重大。

發包不出包的六撇步

我們秉持幾個發包的行政觀念：

▶公開發包：所有發包專案，要經過主辦單位初選、複選，以專業調整至最適內容，找出三到五家有能力可以執行任務的廠商，再提報所有事業處和部門主管，來綜合評定最適廠商，一切強調公開、公平、透明化。過五關斬六將的競逐機

主辦人員必須事先讓承包商知道自己公司的文化特色。融入文化，才能內化活動。

制，考驗自己的篩選能力，也唯有具備公信力，才能通過嚴格考驗。

▶加入創意：得標廠商不代表所有提案都會被王品接受，我們會視實際需求，將自己的創意加入其中。創意的共同加乘，會激盪出能量可觀的火花，完成令人意想不到的作品。

▶融入文化：發包業務最常失敗於合作夥伴悶著頭做，只憑著對公司文化片面主觀的看法，提出的企劃案常不是公司想要的，不但修修改改不成樣，浪費成本後就開始偷工減料。所以，主辦人員必須事先讓承包商知道自己公司的文化特色，哪些文化要強化，哪些禁忌要避免（如有負面形象，再好再便宜都不能用）。融入文化，才能內化活動，這是關鍵要素。

▶分享經驗：主辦與承辦兩方絕對都有許多實務經驗，雙方在合作前最好先坐下來，由主辦方資深同仁分享公司活動經

行政發包是一種意志力，讓公司文化得以保持原則、精神及態度持續前進。

驗（如：哪些橋段以前用過、同仁特質、忌諱事宜、王品偏好等），承辦方也可提供辦過活動所遇到的困難及可發揮的創意經驗。互相分享資訊，經驗才能傳承，充分溝通就能減少出包機率。

▶控制成本：發包不代表什麼都可以做，不能只求效果不顧成本。主辦單位要對成本有控管能力，強調「花最低成本，創造最大效益，才是真價值」。要能創造「超物超所值」，才算是行政高手。

▶創造價值：主辦與承辦方的最終目的是──「共同創作一件偉大作品」。雙方必須以更專業、更用心的方式展現行政創意，落實創新精神，控管服務細節，營造感動劇情，導演一部共同的偉大作品。

面對每次不同任務、不同夥伴，雙方都必須以更專業、用心的態度展現行政創意。

面對每次不同任務、不同專案、不同夥伴，只要是發包的工作，就必須全心全力顧包。行政無特別「眉角」，就是巡頭看尾不出包，否則將會被K得滿頭包。

行政素描

任何事務均可以外包，唯獨「責任」不可外包。
——智融集團董事長 施振榮

每一次發包，都是在訓練你的膽識；每做過一次，都會讓你更加有膽識。—— Tom

發包就是不只「發」出，還要「包」下，也就是一起承受最後結果的生命共同體。—— Tom

善用檢核，
管理品質

10

三個臭皮匠，勝過一個諸葛亮

行政主辦者常常會以自身經驗為依據，進行專案規劃，如再加上新手上路，雖有前輩留下的書面進行比對學習，但往往真正執行時，會因團隊未磨合導致默契不足，或是更換場地影響原設定做法，而在活動現場手忙腳亂。於是，有人怪罪主辦者未深思熟慮，怪罪團隊默契不佳，甚至怪罪合作夥伴主導性不夠，大家怪來怪去，活動進行混亂也只好認了。

管理部也曾因為專案地點調整及經驗銜接上的不順，造成當年活動被二代提案圍剿，數年來的工作貢獻與口碑就此歸零，落得只好全面檢討改進。這是行政工作者的無奈，也是事實。後來我們痛定思痛，對於每年重大專案活動（集團尾牙、王品家族大會等），一定依照「作業檢核表」，從進入準備到專案結束，將時程、細部時間、工作項目、細部內容、負責人、協辦者、準備資源及其它相關事項，從頭到尾按實況一一列出。

主辦者本身要事先考察現場，了解環境，詢問協辦者問題，最後要製成「作業檢核表」，於專案進行前一至二週，召開管理部內部會議，進行「砲轟」儀式（也稱草船借箭）。

我們強調「三個臭皮匠，勝過一個諸葛亮」，由主辦者模擬現場實況，逐一將當天行程的人事時地物做執行說明，夥伴如有質疑或顧慮不周之處，即全力砲轟，甚至請主辦者說明他所設計規劃的用意。被修理的愈多，憑每個人的經驗加

持，功力不大增才怪，同時也讓專案做最周全設想。

有時我們還會模擬董事長想法，預先做好幾個方案設定；也會預設承辦單位若發生狀況，我們要如何善後。愈詳細的情境模擬，愈可以避免主辦者因經驗不足的疏忽；團隊也因共同檢討，事先建立共識，在執行時更能掌握狀況，隨時支援。

按表操課，照著流程跑

要提升整體行政流程的品質，就需要一份作業檢核表，進而運用這份檢核表來檢視及管理作業流程，掌控品質與達成滿意度。

常用的整體檢核表，設計內容包括日期、時程（以小時或分鐘為單位）、執行內容（重點工作、準備物件、數量、作業細節、提醒事項、聯絡電話）、負責單位等。檢核表要掌握以下幾點重點：

▶時間要精確：時間的掌控是行政活動中最不容易的事，所以將時間切割精確是相當重要的，並要嚴格執行控管。負責統籌整體作業者，更要事先模擬各種狀況，設定可允許的彈性時間，掌握前後銜接的關鍵時間，確保作業順暢度。

王品要求承辦人員在設計活動時，必須依照流程，從頭至尾編訂作業檢核表，尤其是對表定時間與彈性時間的設定，以便真正執行任務時，有絕對的掌控力。

▶項目要明確：每個流程項目都是重要關鍵，一定要讓所有人都看懂且知道重點，如此才能溝通並有效執行對的任務。

▶內容要細節：每一個項目都有許多要同步執行的行動，所

以細節要深入,並將需要運用的資源、設備、物品、表現重點、提醒事項、通訊窗口等重點摘錄,不僅做為承辦團隊的跟催依據,也讓支援的人可以馬上進入狀況,依指示行事。

▶責任要明訂:每項任務的負責人就是當責者,無論如何要完成任務。當每個人任務明確,如有突發狀況,可以立刻找到負責人,唯他是問。

▶過程要模擬:當所有流程檢核表初步完成後,主經辦人員要先模擬一次,再邀請所有工作成員共同跑一次流程,負責人從中發現問題點及提出解決之道。如有未完善之處,透過檢核表再做一次深度模擬作戰,增強團隊合作默契。

▶結果要檢討:流程檢核表絕非完美無缺,常會因現場狀況,必須做臨時調整及因應,這些經驗將可在每次專案結束後進行檢討改善,並要求承辦人重新修正流程,標示下次重點。透過設定、模擬、執行、調整、檢討及持續改善,創造最好的活動成果。

「檢核表」是讓行政活動順利、獲得滿意口碑的最佳利器,也是團隊有效傳承的 Know-How。

行政素描

設計檢核表,是充分掌握應用性、可用性、使用性的綜合性力量。
—— Tom

講求創意與品質的時代,檢核管理就是達致滿意的基本功。—— Tom

作業沒有永遠滿意,只有持續創造滿意。—— Tom

王品家族大會流程檢核表

時程	內容	負責單位
10:00 物品到貨確認	◎ 空白名牌、提袋、佈置品 ◎ 股東會證章 ◎ 一度贊禮品 ◎ 八項總排名第一名及大陸事業群七項總排名第一名 12、最佳標語 10、最多採納 4、最佳提案 5、禮品到貨 ◎ 預備筆電電腦、投影機 ◎ 預備工作室 ◎ Wifi 密碼 10 個〇〇〇〇 ◎ 物品寄送窗口 - 台中〇〇飯店 台中市后里區〇〇路〇〇號 餐飲部 〇〇〇 副理收 廠商寄貨 (請一定要在前一天 18:00 以前到貨) 收件地址：台中市后里區〇〇路〇〇號 收件人：台中〇〇飯店餐飲部 〇〇〇 副理收 ◎ 行動電話 0900-000000 外包裝上註明：1. 2013 王品家族大會 2. 內裝物品	Joann
13:30 威全工作人員 到場	◎ 行前服務說明會 ◎ 工作分配說明 ◎ 佈置文宣場地	威全
15:00 家族大會場佈	◎ 音樂、麥克風、國歌、集團歌、頒獎音樂、投影機測試 ◎ 聯合月會成員禮品依桌次擺放 ◎ 獎牌就位 (七項總排名及八項總排名第一名、股東會證章、七項指標、最佳標語、最多採納、最佳提案) ◎ 投影檔案確認 ◎ 視訊投影確認 ◎ 提供每桌成員名單供威全放置禮品 ◎ 新進股東證章依位置表放置舞台	威全支援 10 人 (15:00)
15:30	◎ Tom 副總到場檢驗 ◎ 現場問題處理與協調	Tom 副總
17:00 司儀綵排	◎ 司儀〇〇〇店長 0900-000000 ◎ 司儀講稿 *2 ◎ 上菜秀綵排 + 樂園表演團體綵排 ◎ 飯店綵排窗口 〇〇〇 0900-000000	〇〇〇店長

(以下略)

絕對加分
的進階行政力

賣「藝術」，
不賣「技術」

01

讓自己無可取代，就要走出不同競爭力

行政要有所表現，若只在技術專業上努力，常不易有令人驚豔的突破性成果。因為服務眾人之事，排除講究速度、效率及品質這些專業標準，誰都可以做，而且將事情做好是理所當然，做不好又容易招惹怨言。俗語說：「做到流汗，給人嫌到流涎。」（台語）要讓被服務的每個人都滿意，幾乎是不可能的事！所以，技術精進只在於速度效率更好，成本品質確保而已，卻不會讓人感動。

就像台灣 OEM（即委託代工）工廠，都在設法拚命提升技術，創造產能，降低成本，因為只要別人有更好的技術，更高的產能，更低廉的成本，隨時就會被取代。其實唯一的生存之道，是要提升研發能力，創新產品價值，建立自我品牌，才能走出不同的競爭力。行政工作也是如此，除了創新技術外，如果可以將工作變成藝術創作，賣「藝術」不賣「技術」，就會令人刮目相看，讓自己無可取代。

行政服務要面對多元與多樣的需求，執行已經不容易，倘若還想創造與眾不同的價值，就必須透過藝術創作手法，達致附加價值高、滿意度好的成效。

擺脫千篇一律，就要賣這四力

行政賣什麼？我們賣「美力」不賣「體力」，賣「超值」不賣「所值」，賣「感動」不賣「勞動」，賣「藝術」不賣「技術」。

行政事務容易淪為照本宣科的迷失，設法從小小變化中表現出用心和貼心，營造感動。

▶賣「美力」不賣「體力」：一般行政工作都是賣體力，作業繁雜，遵循以往作為依樣畫葫蘆，做久了一點創意都沒有。加上行政事務瑣碎，不論大小事都跟你有關，既賣體力也賣苦勞，最怕完事後還招惹批評，不被買單。

所以，行政高手除了勞力、體力付出外，更要賣創新、賣創意，行政事務可以透過美學設計、藝術應用，創造出不一樣的作品感受。有美力（麗），才能創造心價值。

▶賣「超值」不賣「所值」：行政高手不能只端出符合眾人期待的作品，還必須創造物超所值的作品。以安排會議為例，除了確保各項流程順暢之外，如預先知道有與會人員生日，可以專為他準備一杯咖啡加上小卡片，讓對方感受到被關注，這就是加值。又如，會議點心可提供當地特產，以及有選擇性的飲品，也是加值的表現。

▶賣「感動」不賣「勞動」：行政工作不易被人由衷感謝，

上：2012 公益尾牙「便
當腰封」設計稿。

下：每年致廠商信函，特
別去買郵局設計的慶賀郵
票。

這是一般行政人員的痛。如果只依法作業，千篇一律，當然不容易感動人，只能算是行政勞動。顧客需要的事，雖是例行標準，也要有所創新，設法從小小變化中表現出用心與貼心，營造感動氛圍。

例如：今天的會議剛好在冬至，點心可以準備湯圓，符合季節感的貼心；天氣特別冷時，飲料改用桂圓紅棗薑茶取代；今天若是情人節，在簡報首頁秀出愛的祝福。又如：提前準備刻印姓名的馬克杯，當作與會來賓的禮物；貴賓參訪結束，送上抵達時的合照與附有公司 Logo 的客製相框留念。這些作為都在有形無形中幫企業提升形象，為貴賓創造感動。

▶賣「藝術」不賣「技術」：當資深同仁告訴新進同仁，事情這樣做就可以了，會議這樣安排就好了……，行政事務就容易淪為照本宣科的迷失而不自覺，即使技術經由練習，只

是更熟練、更標準、更統一而已。

行政高手不應該如此，技術只是讓程序更加順暢，標準化只是控制品質的手法，無法賣出激動和感動。例如禮品設計，透過主題包裝，善用產品組合，加入有意義的圖騰，附加一張卡片，別上一條美麗緞帶，放入特別設計的袋子，這一連串行政動作都是藝術表現。卡片、文字、包裝紙的變化，同樣事情只要小元素改變，就是一種藝術美感。

2012 年王品公益尾牙活動，結束時要大家聚在一起吃便當，這是看似普通的結尾，但管理部硬是設計出「便當腰封」，讓大家吃便當都可以吃出質感。當五百個便當擺上桌時，整個畫面跳出來，變成一場藝術表演，也讓媒體爭相拍攝、創造話題，在活動最後又掀起一波高潮。

行政設計所扮演的角色就是「可視化」，亦即將可能有亮點的物件，透過包裝設計，達到小兵立大功的效果。

行政素描

技術只是讓你做事，藝術讓你做人又做事。—— Tom

勞動是商品，藝術是精品，成分一樣，但價值差很多！—— Tom

先求異，
再求好

02

驚豔來自求「異」

說到傳統美術教學，除了一再向學生強調要先把素描基礎打好，也有老師要求學生，要先臨摹過去各家各派技法，把這些都學好了，然後再求個人創造。這是「先求好，再求異」的教學想法。

現代水墨畫大師劉國松卻認為，應該鼓勵學生要能舉一反三，探索、試驗、創造自己的新技法。等到自己的新技巧練習好了，能運用自如了，個人的畫風也就建立起來了。所以，現代畫家不在於能畫的種類和方法多少，而在於畫得與別人不同，而後再把它畫好。**技巧愈獨創，將來能見度愈高，愈能出人頭地**。這是「先求異，再求好」的意義。

行政創作無非也是「先求異，再求好」，但卻必須接受許多人的挑戰、質疑，以及在求異過程中的艱辛與無奈。想要有驚豔的作品，這些過程是必要的，往後回想起來也特別甘甜。

台灣第一家企業包台鐵

某次王品家族大會前，發生這樣的故事：

兩個大男人坐在宜蘭礁溪老爺酒店前的公園，心中的焦慮無奈不斷翻騰，因為台灣第一次企業包火車辦活動的創舉，即將面臨失敗，而我是兩個男人其中之一。

為了讓參與王品家族大會的所有同仁及家人感動，管理部在三個月前想出要創下台灣第一家企業包火車的大膽規劃，讓

張貼著品牌 Logo 的台鐵
第一班企業專屬列車，背
後其實是同仁艱辛的等待
與熬夜工作。

整個活動可以轟轟烈烈地舉行。在那之前還沒有企業敢包整
列火車辦活動，但王品就是堅持要與眾不同，創造話題。

當時的盤算是，王品集團有八個品牌 Logo 加上一個集團
Logo，剛好與一列火車九節車廂不謀而合，只要把九個品牌
Logo 依序貼在外部車廂腰間，當台灣史上第一班企業專屬
列車從樹林緩緩駛至台北車站，那將是多大的榮耀！相信在
台北車站搭車的同仁及眷屬，一定會被這個驚喜所感動。

當我提出「包火車辦王品家族大會」企劃案時，中常會成員
興奮無比，全數鼓掌通過，這樣新鮮、有創意又具形象效應
的點子，完全符合差異化，具有超高的可看性。

誰知企劃案通過後，便是惡夢的開始。王品依規定提出申
請，鐵路局也覺得以自強號車票計費的專列火車，在調度上
只是加開一列次加班車，依規定簽核辦理，一切都沒問題，
便以正式公文告知核定通過了。

為了製造驚豔效果，有許多包裝設計必須在發車前一天提早布置，但當夥伴們前往樹林調度廠時，發現台鐵因協調單位眾多，雖然有核准公文，卻找不到負責窗口，所有部門各司其職，調度室只負責調度，工務部只負責火車檢修，始終找不到協調單位。無法進入車內布置，讓王品工作團隊無可奈何，從早上開始，只能陪著鐵路局的人員交班換班，陪他們工作、吃便當，設法尋找解決之道。同仁心中充滿坎坷，要搞一個與眾不同的作品，這過程太辛苦了。

同仁從早上等到下午，再從下午等到傍晚，樹林站已經換了三班工作人員，事情卻還沒辦法搞定，眼看天亮之前要是沒處理好，隔天的活動一定穿幫。如果被媒體報導出來，很可能會是頭條新聞，只是效果與我們預期的完全相反。

同仁們持續聯絡鐵路局各窗口，手機打了近百通，發揮最大韌性與溝通誠意，甚至已經想好可能會有點糗、但也無可奈何的替代方案（比如由車上人員拉布條來呈現）。

在礁溪老爺苦等結果的兩個男人，竟然天真地想祈求神明保佑，讓車廂外貼上品牌 Logo 的任務能順利完成。兩個男人相視而笑，將原本活動當天晚上預計要施放的天燈拿了一個出來，寫上「包火車順利，讓品牌 Logo 貼上火車」字句，點燃後放上天空，祈求專案一切順利平安。

說也真神奇，天燈升空後，在樹林站奮戰的夥伴居然來電說可以動手布置了，那時已是凌晨兩點，奇蹟在當下發生。同仁動員雙倍人力，連夜達成任務。

隔天早上，當張貼王品集團及各品牌 Logo 字樣的王品專屬

列車，緩緩駛進台北車站月台時，我忍不住掉下眼淚，這周旋與無奈的艱辛過程無人能了解。

看到同仁及眷屬拖著行李，興奮地與貼著王品 Logo 的火車爭相拍照時，我深刻體會到「先求異，再求好」的創作辛苦與成就感。媒體大肆報導董事長扮演列車長、主管們扮成服務人員、同仁及眷屬手握「王品專屬火車票」等整體包裝設計。火車一路由台北開到宜蘭，軌道上有一列王品專屬火車穿梭在怡人的景緻當中，那種視覺感受真棒！

行政沒有不可能，只有自己能不能。這是一種創作態度，如果失敗也必須欣然接受，並做好危機處理，但這「先求不同，再求好」的精神，千萬不能放棄！

王品專屬火車票。

露三點演出
博版面

03

「2013年經濟悶，但我們要盡力讓同仁感覺好。」董事長在中常會的一席話，讓承辦集團尾牙的管理部頓時神經緊繃。

當年五月天演唱會一票難求，於是我們決定以開演唱會規格來設計尾牙，邀請當紅「五月天樂團」壓軸演出。「要看台灣第一場演唱會尾牙，王品同仁不用買票，直接來現場欣賞。」讓這場尾牙大秀未演先轟動。

所謂活動賣點，就是要掌握社會脈動、流行趨勢、最潮話題，更要貼近同仁內心。幾年前電影「海角七號」當紅時，我們也曾邀請該電影演員來王品尾牙獻唱演出，董事長還裝扮成茂伯郵差的樣子，騎古董腳踏車進入會場，同仁尖叫聲快把台中體育館掀翻了。

戴董扮演茂伯。

露三點，為企業形象加分

行政創作要有露三點──「賣點、熱點、亮點」的本事，讓經辦事務、服務感動及效益傳頌成為行政創作的最佳利器。如今是行政創新突破的時代，要讓被服務者感動，就要努力露點演出：

▶ 賣點：行政作品無論是有形或無形，都要具備商品魅力，讓人想要

享有你的行政設計及服務，靠的就是產品品質與服務素質。「賣點」就是「新奇」、「時尚」、「美感」、「創新」、「喜悅」、「感動」各種元素組合。新奇來自商品夠新鮮感，時尚來自設計有時代感，美感來自作品含有人文元素，創新當然就是要有差異化，喜悅來自使用者對行政事務發自內心的喜歡，感動是一種心靈情感滿足。賣點有多少，你的滿意度就有多高。

追求行政賣點，不因麻煩或繁瑣而放棄，就是行政競爭力。創造賣點很辛苦，但這才是價值所在。例如集團尾牙，從全台各事業處拍攝的一段影片開始（同仁也納入我的活動賣點），接著安排中常會變裝演出、各事業處代表隊專業又搞笑的舞台表演，到邀請 A 咖藝人熱歌勁舞，這些賣點都是經過精心設計才能完成。

▶熱點：一個活動「熱點」不沸騰，場面一冷就不熱絡。熱點就是「外面有人氣，內部有士氣」，創造與眾不同的熱情，點燃所有人的情緒。活動不能悶，要不斷製造高潮，一波一波的延續放送與節奏安排，讓參加的人保持沸騰熱點，直到最後才將感動一次爆開，留下刻骨銘心的回憶，成為傳頌的話題。

王品集團尾牙的場內場外就是一種熱點創造，從宣布尾牙日期開始，全台店舖及同仁都為這特別日子緊鑼密鼓地排練、定裝，滿心期待登台表演，進而瘋狂演出，就是最佳熱點呈現。

熱點不能只有一個，辦桌中的 Live Band，邀起同仁共舞；電

各地同仁在尾牙宴一起熱
情變裝演出。

子摸彩秀出品牌 Logo；前幾年還安排各事業處做進場秀，
服裝造型千奇百怪，也曾造成台北小巨蛋大騷動。歷來王品
尾牙都是從頭 high 到尾，一刻都不冷場。

▶亮點：亮點就是眼球效應，要能吸引眾人及媒體目光。行
政行銷是王品管理部堅持要做的亮點計畫，現在是全員與全
方位行銷時代，做為行政創作者，更要把行銷品牌納入你的
行政設計當中。隨時創造數個亮點，組成一道光束，產生更
多目光聚焦，除了創造活動曝光度，也打造企業正面形象。

2011 年尾牙，董事長以 Lady Gaga 扮相出現；2013 年，董事
長騎著 LED 燈小機車進場，變裝大跳「姐姐」，還有席開
1,100 桌、6 分鐘出菜完畢的精準效率，絕對具有活動亮點。

戴董與中常會成員變裝跳「姐姐」。

對王品行政團隊而言,無論工作再細膩、再有質感,最高只能給自己 70 分,另外 30 分還需要作品獲得媒體願意爭相報導,為企業形象加分。所謂雙贏策略,就是內部獲得大家滿意,外部獲得社會注意,創下雙倍附加價值,才是真正的行政藝術品。

呈現一個有賣點、熱點及亮點的行政活動,等於激勵被服務者、同仁、廠商或其他周遭的人,一起完成一場有質感的行政創作夢想。試著讓你的行政作品具有產品力、熱力及渲染力,交織人物、情節與事件的力量,傳遞訊息,塑造熱情及形象魅力,產生最大的價值。

行政素描

優質行政,就是創造「外面有人氣,內部有士氣,社會有名氣」的一場演出。—— Tom

因為我「在意」,處處有「新意」。—— Tom

以前露三點是「色情」,行政露三點是「藝術」。—— Tom

善用創作元素，化平凡為突出

04

藝術創作強調布局、結構、媒材與張力等元素，一件行政作品也該具備有「主題性、創新性、渲染性、藝術性、珍藏性」等五大創作元素，這些都是作品價值的重要成分。

韓國的「體驗旅行」

多年前台灣對韓國觀光較陌生，當年我們辦韓國旅遊，同仁期待度不高，普遍認為景點不太具吸引力，飲食又單調，沒想到事後卻創下 92% 的滿意度。那年我們首次以「體驗旅行」來包裝，路勘時特別安排到韓國農村學習做泡菜（當時尚未流行，不像現在到處都是泡菜教學）。

我們商請當地里長借用他的村莊，除了做泡菜，還當場煮黑輪，品嚐里長太太做的韓式餅乾，梨子、水蜜桃等採果現吃。如果再讓同仁們穿起韓服，走在鄉間小路上拍照，將韓國文化與鄉村氛圍融為一體，一定很有趣。於是我特別請里長至各村落商租數十套韓國服裝，提供同仁穿著拍照，如今仍是同仁張貼在辦公室捨不得拿下的經典照片。

當提出「採人蔘」活動構想時，同仁們都充滿好奇與嚮往，不過韓國的人蔘園受到國家保護，里長也不免面露難色，後來在不違背管制要求下，請里長帶領同仁參觀他的「人蔘田」（這已相當不易），並解說形成二年蔘、三年蔘、五年蔘的過程。為了讓同仁實現「採人蔘」，我們將數株人蔘先埋在土裡，改以「挖人蔘」遊戲帶出趣味，挖到的人蔘現場就裝入酒甕，做成人蔘酒送出。這項旅遊體驗就是極為成功

做泡菜、穿韓服,「體驗旅行」的設計為同仁旅遊大大加分。

的行政創作,至今還為大家津津樂道,並已成為旅行社的特色行程。

行政創作的五大元素

▶主題性:有主題才有故事,有故事才能傳頌。行政包羅萬象,但無論如何要找出主題,讓行政業務有延續性、焦點感及故事性,如果可以在每個階段融入主題,將會產生更大的行政價值。

例如:王品集團尾牙每年都會設定主題,讓同仁可以配合其內涵做表演設計。2011 年的尾牙主題為「百變嘉年華」,同仁的表演就有爵士樂、街舞、國標舞等,董事長也特地扮演 Lady Gaga,讓主題更具焦點,瘋迷全場,也成為媒體爭相報導重點。有主題才有媒體焦點。

▶創新性:行政工作常受到既有規定限制而一成不變,一定

越南的體驗旅行。

會乏味引發不了熱情，很難讓人滿意。所以，愈是例行的行政事務，愈要尋找機會創新。創新來自對行政事務解構、組合、再解構、重組合的過程，原創性愈高，價值就愈高。例如：包專屬火車開家族大會、峇里島包島、萬聖節媒體活動的實體南瓜邀請卡、叫我第一名客製獎盃⋯⋯等。

▶渲染性：好的創作，重點在於能否吸引群眾參與創造，產生吸引力和口碑。所謂渲染性，在於加入一些「體驗」與「感性」因子，這也是近年來體驗經濟的發展趨勢，讓參與者如同看畫展一樣，融入創作氛圍中，才能有所感受。

我們的同仁國外旅遊很早就加入體驗設計，例如：前述韓國採人蔘、做泡菜、穿韓服；北越搭天堂號遊輪在下龍灣過夜、

做越式春捲、晨間打太極拳等。讓渲染力成為記憶傳頌，再變成體驗故事分享，行政創作就能令人回味再三。

▶藝術性：「藝術本身是抽象的，它的實現方式是創造和欣賞。創造和欣賞都離不開藝術眼光。」（蘇珊・朗格語）行政任務前置作業繁瑣又冗長，簡單到大家都認為自己會做，所以，行政作業中一些作品的製作一定要求具有可看性、視覺性、藝術性，即便是會議的小桌卡也要用心設計。

夥伴常在辦完活動告訴我，貴賓把桌牌拿走了。其實我很高興，創作的作品被有心拿走，某種程度而言就是一種成功。又如，同仁們經常將專屬菜單做為晚宴後互留簽名的信物，代表菜單本身設計就具有藝術性。

▶珍藏性：任何一個行政專題、物件、禮物，從發想到製作，有一個重要設計理念——讓別人想要珍藏。珍藏是一種自我留存記憶的方法。行政工作不只要達成目標，更要持續吸引眾人參與。例如：王品家族大會製作的紀念品，從造型、保證卡、主題命名、外盒設計、刻上專屬名字等，一切努力只為讓大家珍藏這份濃濃情意。

藝術家可以化平凡為突出，化乏味為趣味。行政人員也應致力「把工作當創作」，運用上述藝術元素，達到口碑傳頌。

行政素描

化平凡為突出，化乏味為趣味，就是創作。—— Tom

多一點藝術，多一點價值。—— Tom

05

手做有溫度，
才有心感動

一萬五千張的親簽卡片

自 1993 年王品集團在台中創立第一家店開始，到現在全球有 17 個品牌，427 家店，立足台灣、跨足大陸、邁向國際之際，每天創造近 75,000 名顧客。在 2013 年屆滿 20 週年前夕，王品在全台四座國際機場入境大廳，分送玫瑰花給每一位返國或來台的旅客，表達王品的感恩與歡迎之意。

那是王品集團創業至今的重要日子，董事長肯定王品集團能有今天的成就，都是所有同仁努力奮鬥的成果，所以在 20 週年特別日子裡，他要用特別的禮物為同仁一起留下見證紀念。

這份禮物，是以第一家王品台中文心店為圖騰的精緻餐盤，除了在盤上刻下每位同仁的名字外，董事長並在卡片中親筆簽名，算算至少要花 63 個小時，才能將兩岸 15,000 多封感謝卡簽完。董事長的台中總部辦公室、住家和台北辦公室裡，堆滿了一箱箱的卡片，即使在健康檢查時，他也不忘隨身攜帶，爭取空檔時間多簽幾張。卡片還沒簽完，他的食指已經瘀青凹陷，但他說這一切都很值得，希望藉此感謝每位如家人般同仁的辛苦付出。

這種情意非一般人可以做到，雖然只是盤子和卡片，對董事長而言卻是一種家人相挺、禮輕情意重的表現，一筆一筆寫出同仁名字時，這筆是有溫度的，有溫度才有感動！

管理部在每月初，會將同仁生日卡依所屬單位先行分類好，

再依主管的先後順序，送交主管親筆寫下對該同仁的生日祝福話語。因為是該同仁的直屬主管或上級主管，日常接觸機會多，總能寫出最貼切的生日祝福，絕不只是簡單的「生日快樂」而已。每一張生日卡都隱藏著情愫，傳遞深層的祝福之意，管理部堅信這是一件有價值的事，也總是看到同仁珍惜保存著那些親筆寫下的祝福卡片。

國際品牌處設計的「王品20週年紀念餐盤」和戴董親簽的卡片。

手做來自「行政四度」

對現代人來說，「手做」才是真正奢華。這是一個追求「手感」的年代，愈來愈多百分百「親手製作」的產品，在市場上備受注目。能有「手做」的行政，更具有藝術意義，它來自以下的感染力：

▶特別度：透過親自處理與手寫，所傳達的情感會具有特別意義。傳達情感愈特殊，接收者的感受力就愈強，所獲得的心裡滿足也愈高。這種契合度，來自感染力所產生的黏著度。例如：王品20週年紀念餐盤及感謝卡，就讓同仁感受到特別不同的尊榮與幸福感。

每次出國,我都親手畫下、寫下旅遊心得明信片。

▶真誠度:透過親手製作來表現心意,傳達製作者的情感力道,把「手」的溫度、觸覺等元素延伸出去,帶入行政設計概念裡。手感可以改變人對事情的感受,是一種無可取代的真誠度。載滿誠意的祝福才會讓人感動,這也是王品讓主管親手為同仁寫下生日賀卡的原因。

▶體驗度:「手感」是行政的深度表達技巧,因為手感不只是手工,而是來自對生活、工作的深刻體驗,所產生的一種行政主張。透過書寫、製作、傳遞,讓行政具有豐富內容、親自參與、實況呈現的具體形式,形式中的每一個點、線、色、形,都表現著內容的意義、情感與價值,加深生命體驗。例如:出國時親手寫下旅遊心得明信片,回國後收到,二度體驗旅行滋味,是一種記憶性情感。

▶存在度:透過「親自動手」,來延伸自我存在的真實感,以對抗大量複製的無意義感。手做的重點在於,是否能讓接受者有愛不釋手的感動。每次我為同仁在特別日子親手繪製的圖卡,無論是感謝、祝福或慶賀,都有我對同事情誼的感觸,不僅別具意義,也成為同事辦公桌前的濃濃風景。

手感是一種情感美學

每當舉行王品家族大會,董事長無論如何都要親自和與會家

庭合照，用餐時也要親自到每桌逐一握手、談話，飯後更在門口一一與同仁及家人寒暄握手，因為親自握住雙手，才能傳達發自內心的情意。

「手感」是行政的深度表達，是一種發自內心的情意。

以手寫文字傳遞問候、感謝或祝福，唯有透過書寫才有生命力、才有溫度，墨水的濃淡，筆觸的粗細，筆跡的跳動，字裡行間將心意自然流露。

手感是一種情感美學，給人「特別」、「真誠」、「體驗」及「存在」的幸福，是現代大量運用科技複製後的誠摯反思。別忘了給演講者、給在工作中幫助你的人手寫一張感謝卡，當「手感」成為一項新的行政元素，將可打造獨一無二的行政服務藝術。

> **行政素描**
>
> 創作者要先對作品有感觸，透過自己的生命經驗創作作品，去感動觀眾！——攝影大師 謝春德
>
> 製作只是一時，手作才能永久。—— Tom
>
> 我們創造「作品」，而不是「商品」，這是一個追求「手感」的時代。
> —— Tom

從視覺開始，透過六感，創造好感

06

視覺常常是我們做行政事務的第一類接觸，在第一眼的印象中，就會馬上產生反應，對事情的喜好與否也常常在這時候就下了直覺判斷。

王品在企業識別上特別用心，皆以紅底白字為主體設計，這不能隨便亂改，因為它代表王品集團。行政活動強調「視覺第一」，特別重視活動的視覺傳達效果，利用文字、符號、色彩、造型，第一眼就可看出整體活動精神、意義及特色，達到溝通的目的。

視覺的第一類接觸

視覺是六感中最強而有力的感覺，從網頁設計開始，活動主視覺、顏色、字體等，就要營造一系列整體視覺，也是引起同仁想進入活動的重要動機。

進入活動場地後，周遭環境、迎賓旗幟、牆面海報、服務人員服裝……等，一定要乾淨與清新，維持品牌形象。而另一波視覺感受，就是服務人員的笑容、儀態與氣質。服務人員所表現的「親切、和緩、躬身、微笑」，是非常重要的行動視覺，每一個動作、眼神、肢體，都是精彩的活動序曲。

洪懿妍在《視覺藝術之美》中也提到：「我們透過視覺，可以感受到藝術作品本身所想傳達的情感與理念。」所以執行行政事務時，我特別重視視覺設計，並且不厭煩地強調「創造視覺，才有感覺」。這也是行政的重要表現手法，尤其將企業形象及品牌在外部露出上具有非凡意義，更產生加乘的正面效果，屢試不爽。

上：視覺符號可以與人溝通、強化認同、傳達意義。

下：登 EBC 背包套。

如何運用視覺，為你的設計加分

▶化繁為簡：視覺可以將許多訊息簡化為一塊或一面，直接產生視覺效果。例如：王品登聖母峰基地營（EBC）活動，在出發前，會特別準備 EBC 貼紙、EBC 隊旗等，讓簡單的圖像用來與當地人或各國登山者做合照或交流的主視覺。

▶幫助記憶：經過視覺表現出來的線條、色彩、形狀、色塊、質感、圖像、動感與空間，讓人更容易理解與記憶。造型不僅會影響傳達性，更會影響消費者對商品或企業的信賴感。

▶產生認同：企業識別系統與視覺形象的高度結合，可以產生更大的認同感，其中也隱含了任務、專案或共同默契……等其他意義。例如：王品登 EBC 活動，成員背著印有「王品集團登聖母峰基地營

EBC」字樣與山峰圖騰的背包套，成員內心都會產生對本次任務的強烈認同感與使命感，同時，也與所有登山客有效溝通王品人的精神：健康、挑戰、團隊、創新與活力，成為最受矚目的隊伍。

▶強化感應：視覺容易引發情緒、知覺與美感的感應能力，最能勾起內心的細微反應，讓群體產生情感發酵作用。例如：泳渡日月潭活動，成員在行進間抬著王品集團紅色大氣球時，即讓參加者充滿士氣高昂的情緒，也會觸發觀眾，常聽到：「那是王品集團耶，超有精神的團隊。」甚至引起主持人注意做特別介紹，隨時曝光。

▶象徵符號：象徵就是事物除本身以外，所隱含的其他意義，意即利用一種符號來表達一個概念。旗幟就是典型的象徵符號，例如：王品成員登上 EBC 時，將中華民國國旗和集團旗插在營地上，不僅展現愛國心，也提振團隊士氣，表現奮戰不懈的精神。

行政價值就是賦予一個主觀視覺，創造引人注目的機會。視覺與行政實有密不可分的關係。

從視覺到五感，創造心感覺

在行政服務過程中，常是二元、三元的感官交叉表現，如：服務儀態、活動解說、拍照儀式、孩子互動、活動人氣、主辦士氣、遊樂氣氛塑造……等，每一個細節都是綜合感官的表現。

除了視覺，還有聽覺（如背景音樂、服務人員輕聲接待、歡呼加油聲等）、觸覺（如光線溫度、物件質感、環境清

潔 等)、嗅 覺（如環境的氣味感)、味 覺 等 五感，運用感官的接觸點愈多，感官喚起的記憶就愈多，而這份美好的活動經驗與記憶，就是「心感覺」。

王品集團的紅色大氣球，在泳渡日月潭活動中，勾引美感、士氣和曝光度。

每一個行政實體、每一個服務細節、每一個肢體動作、每一個情境表現，都可以有效掌握這六感，創造有感服務，讓參與者的好印象不斷儲存。如果觸動一種感官，就會引發下一個，然後下一個……，整個情感層次就會瞬間展開，這也是行政設計的情境營造技巧。

「從視覺開始，透過六感，創造好感」的行政美學，就是要設計出最重要接觸點，以便將各接觸點轉換成獨特、愉悅的活動體驗，串起感官記憶，勾起活動價值。

行政素描

「藝術是一種表現」（Art is expression），表現是所有創作的基礎。
——義大利著名文藝批評家 克羅齊

行政價值在於「恰到好處」，縈繞心頭的旋律、雙手緊握的溫暖、激勵人心的話語、令人陶醉的體驗、歷久彌新的景象，還有恰到好處的表現。—— Tom

透過文字創意，
強化活動趣味

07

命名就像武林大會

在王品工作，無論是文化制度、公司活動、推動專案、會議管理、部門業務、營業活動，甚至主管文章分享等，都會各出奇招，將命名視為行政創意。命名就像武林大會，五花八門，目的就是要吸引大家對事件的注意並牢記腦海；假如產品、活動或事件沒有聳動亮眼的名稱，或許就冷淡視之。

所以，好的活動命名也是一門行政藝術，提醒同仁在推動新事件前，與主辦單位創造共鳴，產生凝聚力。驚豔的命名會讓人眼睛一亮，發出會心一笑，並深植人心。

王品的活動命名相當多樣、有趣，簡略分享如下：

▶文化類：憲法、龜毛家族、誠實政策、天使之音、家人叮嚀、全民廣播電台、醒獅團……

▶會議類：中常會、二代菁英會議、聯合月會、Family Meeting、森林會議、獅子會……

▶活動類：王品家族大會、王品新鐵人活動、王品之師、UP 專案……

▶系統類：創意點子系統、電子秘書、白金 CRM……

▶營業類：38 烤肉法、紅不讓活動、創意汽球、慷慨主義、化蝶五部曲、MTT100%、達人賞、春風有禮三重奏、顧客黃金眼、九大心亮點服務、僕人學堂、春風達人……

▶部門類：備援計畫、化妝午會、豬頭會議⋯⋯

▶佈達類：Taiwan Today、戴大哥開講、文化列車、阿斌講古、Stanley 部落格⋯⋯

▶其他類：追星計畫、社會學分、學歷倍增計畫⋯⋯

特別舉幾例做補充說明：

追星計畫：鼓勵每位同仁在一生中盡量去體驗米其林星級餐廳，除了訓練餐飲專業外，透過與國際性認證餐廳的米其林主廚交流，定能加倍成長，並以一生累積 100 顆星星為目標。

備援計畫：當王品集團同仁或眷屬，發生重大疾病或緊急狀況需要就診及住院時，以企業關係部為窗口全力協助同仁，當成自己家人般照顧，無後顧之憂的強力備援支持。

38 烤肉法：烤肉過程要單面肉汁呈現 8 分滿、翻面 8 秒鐘，即為 8 分熟，這是原燒事業處推出的最適烤肉方法，透過數字表現，讓烤肉既專業又有趣。

家人叮嚀：在職或離職同仁主動具名向公司反應事宜，包括公司的相關規定、制度、政策、福利、弊端、委屈⋯⋯等，這些反應事項，會列為「同仁 0800 家人叮嚀」案件追蹤及回應的作業系統。這是家人般的叮嚀，不只是同仁抱怨而已，要慎重處理。

Taiwan Today：即每月在台灣召開中常會後，將董事長及各單位主管在會議上的重要宣布及心得分享，管理部予以摘錄後，透過公司電子秘書系統發給大家，讓同仁可以自行閱讀。將公司最新營運資訊、文化傳承及主管們的心得，讓所

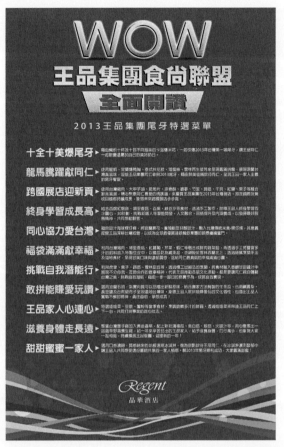

善用文化元素入味，行政創作充滿人味。此為 2013 年尾牙菜單。

有同仁在最短時間內收到，做到訊息公開分享，也是一起學習成長的管道。

好的名字會讓人朗朗上口，內容容易理解，也能創造行銷效應。想一個響亮、吸睛的名字，就像孕育誕生的孩子一樣，富有永續傳遞的精神。

文化入菜，菜色有 Fu

公司辦活動聚餐，豐盛菜色與飽足感，只是大家共同聚會的基本元素之一。如果能將企業精神融入菜色，或藉由菜色重新命名，透過這樣的文字表現手法，將使活動增加趣味性、故事性及共同話題，總是令同仁期待與感動。

2011 年王品集團尾牙，我們包下南港展覽館，席開 750 桌，

山珍海味**迎尾牙**	使用雲林落花生、大甲芋頭、澎湖小魚乾及埔里泡菜呈現的四巧碟，展現溫馨的台灣真滋味，來迎接王品集團同仁參與 2011 尾牙，藉由濃濃的企業文化入菜，以呈現王品特別文化饗宴。
錦繡寒天**登玉山**	透過各色新鮮蔬果（西生菜、牛蕃茄、紫高麗、小黃瓜、紅椒、鳳梨等），融入和風醬，再搭配金山的石菜花，來呈現錦繡寒天意涵，並以王品新鐵人－『登玉山』之企業文化結合成錦繡寒天登玉山的意境。
敢拼能賺愛玩讚	藉由石門鄉龍蝦、宜蘭醉元寶、茄定烏魚子及埔里醉雞，混搭成具濃濃台灣特色大拼盤，展現王品敢拼能賺愛玩文化，並給自己一個『讚』。
萬般武藝**服務高**	結合東港櫻花蝦、花蓮鹹豬肉、白河鮮蓮子及大甲芋頭，簡單、新鮮、平實鄉土料理，蒸出台灣味的米糕，來詮釋王品服務也是經過不斷訓練，人文融合、品格提升及內涵養成，以發揮最高服務精神，感動顧客。
展店營收跳躍高	使用澎湖干貝、高雄魚皮、古坑脆筍、宜蘭腳蹄、冬菇、豬肚、栗子等融合鮮美高湯，燉煮出大家最喜愛的佛跳牆，來慶賀王品集團在 2011 年快速展店及突破營收的經營成果，象徵展店營收步步高。
排除萬難**貫寶島**	利用宜蘭子排佐以小白菜、南投白果、馬鈴薯等，透過細膩烹調手法及道地搭配，在味道甘甜中表現子排濃郁質感。以「子排」代表王品人騎自行車體驗台灣之美，排除萬難貫透寶島的勇氣及精神，值得肯定。
蒜蝦半程**馬拉松**	使用澎湖鮮蝦、台南芋頭糕蒸出台灣海產新鮮好滋味，以蝦子靈活的身軀隱喻馬拉松路跑的毅力與奮鬥不懈的精神，完成王品新鐵人夢想，一步一腳印，踏實經營，才能創造王品永續發展的基石。
鱸魚泳渡**日月潭**	選用三星鄉泉水鱸魚、紮實的肉質可以品嚐出新鮮原味，結合永康農家的西瓜棉（西瓜白色層所醃漬成調味品）、破朴子道地台灣味，象徵王品人像魚一般的高超泳技，泳渡 3300 公尺日月潭，泳者無敵，夢想成真。
養生挺您**走萬步**	整隻雲林土雞加入金門黑蒜頭，燉煮出一盅養生蒜子雞。給實現王品日行萬步的夥伴，予以滋養身體，大家相挺，持續擴展版圖，迎接新的一年。
王品家人心連心	特選雲林西螺芥菜膽，新社花菇及松露汁，烹調又脆又嫩又多汁的高山鮮蔬。以芥菜膽來串連王品 7 千多位同仁上下一心，共同打拼事業的雄心萬志。
黃金十年展鴻圖	濃郁香甜龍眼乾製成的桂圓糕是我們從小到大的記憶，代表代代傳承的精神，並搭配黃金派來呈現王品邁向未來「黃金十年」的遠景及目標。
寶島開店慶豐收	以台灣當季水果，社頭芭樂、梅山柳丁、枋寮蓮霧、關仔嶺小番茄等切盤，呈現台灣寶島豐收情景，也代表王品這一年來的努力，無論營業額、店數都持續成長，展現豐收的 2011 年。
甜甜蜜蜜**王品人**	不同一般宴會使用濃縮果汁，我們選用台南東山隧道式耕種的哈密瓜現榨果汁，來招待王品同仁，果香味濃，甜味飽滿，王品人一起來感受這份甜甜蜜蜜一家人的情感。願 2011 年尾牙順利成功，圓滿甜蜜！

王品家族大會的開場歌，
以趣味文字編寫歌曲帶動
氣氛。

表現 12 道菜。管理部與承辦宴席、擔任過國宴廚師的「水
蛙師」共同討論菜單，我們希望能以「台灣本土食材為元
素」，配合烹調手法創新，端出專屬王品集團的尾牙饗宴。
王品是餐飲業龍頭，水蛙師是國家級名廚，雙方對菜色內容
與質感追求，都面臨全新的大挑戰。

我以王品企業文化為底蘊，自行設計了菜單。當同仁看到菜

單及菜色內容時，「哇」聲不斷，許多人特別收集這份菜單，當天也獲得媒體特別報導，這就是「文化入菜，菜色有Fu」的最佳詮釋。

有創意，同仁才會感到有趣與認同。王品的文字創意很多，例如中常會開會歌、聯合月會的著猴時間、頒獎的呼口號……等，都有企業文化的融入，這就是王品人的行政創意。

分享我設計的中常會開會歌（以「火車快飛」音樂為底）：

王品會議　王品會議
抽籤就位　遲到罰款　已經走了數十年
快來開會　快來開會　大家見面真歡喜
王品集團　王品集團
衝刺台灣　跨足大陸　持續走向世界裡
快來開店　快來開店　經營餐飲真快樂

行政素描

別人可能會忘記你做的事，但永遠忘不了命名帶給大家的感受。
—— Tom

命名像一杯濃縮咖啡，是經過精心萃取而來的。—— Tom

不要小看文字創作，行政處處都有佳作。—— Tom

**攝影
讓你行政加分**

08

每一步都留下記錄

來到王品的十九年時光裡，我用攝影記錄了王品的創業過程，捕捉動人的精彩畫面，在各種報章媒體報導中所呈現的圖像，很多是我的攝影作品。

我不是專業攝影師，只憑著自己一份熱忱、一份創作精神，就這樣一路拍攝，除了為行政成果做一系列記錄外，也從中學習攝影技巧。

行政好照片的九大技巧

攝影是行政必備的工具與能力，只要掌握以下重點：

▶讓照片比現場出色：拍攝時要不客氣從不同角度、不同人事物、不同主題持續變化拍攝，再從事後編排中找到具有特色意義的照片，當愈來愈多實務練習後，必能掌握現場亮點。

▶讓照片傳遞好故事：好故事與其口傳，不如一張圖像來得更真實有畫面。許多大家曾一起奮鬥的革命情感，常來自一個令人悸動的畫面，拍攝者必須親自參與，拍出來的照片更有說服力。王品登EBC、新三鐵活動、鐵騎青海湖、王品盃、王品法說會等重要關鍵時刻，我都親身參與，希望透過鏡頭，將這些故事傳承下去，這是行政人員最有價值的任務。

▶讓照片做形象廣告：企業形象不是來自特意的營造，而是自然的形成，它需要時間和空間的長期醞釀，從不同片段中沉澱發酵。這些堆疊的養分來自日常的企業活動，而行政工

作者必須隨時採集圖像，最基本的就是照片。所以，攝影作品也是做為企業形象重要的元素之一。

勇氣、體貼與好奇心，才能讓攝影與生活產生更甜蜜的連繫。

▶讓照片創造新亮點：行政攝影者必須學會掌握畫面的可看性、主題性與渲染力，可藉由平常模擬大師作品及不斷的實務練習，讓照片具有張力，有張力才能創造亮點。來學習

▶讓照片呈現時間性：企業活動或發展是有時間順序的，可透過照片呈現不同階段的不同樣貌。拍攝時要掌握時間性作為，利用過去式、現在式、未來式的呈現，表達公司的過去作為、現況執行及未來展望，也讓同仁體會公司持續發展的企圖心。拍攝時要注意畫面的可辨性，不只是凍結在這一瞬

優質的好照片，可以協助表現行政事務的最後績效與價值。

間，還可以延伸到不同時空。例如：將主題和時間拍入畫面就是一種現在式，但過了當天這張照片就是過去式；如果畫面不加入主題及時間，改以動作特寫，就會呈現未來式。

▶讓照片具紀念意義：照片呈現紀念的一刻更顯得無價，有特定人物、特定事物、特定日子等，就有特別的紀念意義。想要把這歷史一刻攝入影像中，拍攝時就要更慎重，甚至要有二台以上設備，透過不同掌鏡者來表現。

▶讓照片具有創作性：如果將行政活動主題，藉由數十張照

片彙集，就成為一個行政創作。例如：王品法說會時，我透過數十張照片，表現王品辦法說會的主題及意義，當這些影像透過簡報播出，就有創作價值。

▶讓照片具人際關係：我常透過攝影作品與參與者互享，沖洗出照片，加上相框，讓對方可以直接擺在桌上，成為有意思的紀念與回憶，也是最誠意的禮物。每年我也會特別幫友人、同事及曾幫助我的人製作年曆，讓我的攝影作品陪他們過一整年。

▶讓照片具優質構圖：要拍出優質照片，重點不一定在設備，反而是構圖的好壞。好的照片需要好主題、有重點、夠明瞭，一張優質照片可以協助表現行政事務的最後績效與價值。分享大陸攝影大師李少白所提的「三多三少四有」原則：「少報導多暗示、少解釋多幻想、少散文多詩意、有對比有呼應、有整體有局部。」以及攝影技巧：「在雜亂中發現順序、在簡單中發現豐富、在複雜中發現單純、在熟悉中發現陌生。」

創作不一樣的行政作品

2011 年，王品是第一家率隊挑戰「聖母峰基地營（EBC）」的台灣企業。在出發前，我已設定一個「與世界交朋友」的拍攝主題，在行進過程中，讓各地朋友持王品 EBC 旗合照，做為完整紀錄，當王品旗飄揚在 EBC 的重要時刻，成為王品、台灣與世界交流的主題性創作。

系列作品中，有一張是喜瑪拉雅山喇嘛寺的住持為我持旗合照（見下頁圖右數第二排第四張）。另一個經典畫面，是在尼泊爾的一輛巴士上，請當地人持旗讓我拍照（同圖右數第

王品集團
wowprime

聖母峰基地營
Everest Base Camp

2011 Everest Base Comp of Wowprime
2011.3.29～2011.4.12

與世界交朋友、

一排倒數第二張）。

這其實是董事長故意考驗我的能耐，他看我一路找人合照，也突破許多困難（如部隊軍人、航空機長等），便趁巴士在尼泊爾街上遇到塞車時，要我想辦法請對街巴士上的乘客持集團旗合照，才算完成任務。當下我馬上行動，把集團旗扔到對面巴士上，請乘客拉起旗子微笑，我用最快速度拍照，再請他們把旗子扔回給我，一氣呵成，所有隊員無不為我大力鼓掌。

攝影大師張雍曾說：「坊間攝影書最常提到的關鍵字不外乎是：景深、快門或是光圈。但我相信唯有勇氣、體貼與好奇心，才能讓攝影與生活產生更甜密的連繫。我們好像都忘了，拍照最常用到的其實不是相機，是眼睛。」

身為行政設計者，趕快學習攝影吧，這是一門必修課，將協助讓你的努力更容易被大家看到，所努力的成果也將記錄在企業歷程中。

左頁：「與世界交朋友」
攝影主題。

行政素描

一縷光線，一些肌理，一種反射，在膠片上呈現出比我眼睛看到的更出色。——美國攝影家 蓋倫・洛威爾

拍照分為三個階段：相、攝影、藝術。進階的累積，來自天分，也來自經驗。攝影要依照自己的想法與美學去拍，而且一定要自己感動才拍。——台灣攝影大師 柯錫杰

人之所以卻步不前，不是因為事情棘手，而是因為我們不敢放手去做，才使得事情變困難。——賽納卡（Seneca）

第五部
激盪腦力的
創意工具

拼貼創意，
組合新意

01

生活中的隨意拾取，形成原創構圖

「拼貼」來自法文「膠黏」（Coller）之意，是將紙或物體貼在一個平面上。最早畢卡索將有真實質感的物件貼黏在畫布上，企圖打破二度平面，製造空間虛實的視覺效果。沒想到後來竟衍生發展出「新」的繪畫創作材料、技巧和理念。第一次世界大戰後，達達的藝術家們更豐富了「拼貼」概念，不論是文字片語、殘缺圖片、廣告印刷品、報章上的黑白或彩色照片，動手剪貼，都可以成為很好的材料。

我喜歡用「拼貼創意思考法」，將各項文字或圖片進行剪貼，來鋪陳我要進行的專案的想法。此專案有可能在一年前就已訂定，所以這一年裡，我會利用雜誌、書報、看展簡報、攝影作品或網路資訊等，將所看到與專案有關的文字、圖片、廣告詞、談話或靈光一現的靈感，透過剪貼或隨手塗鴉，收集在紙張或筆記本，做一系列拼貼組合；並加入自己看到這文字或圖像後，所構思轉換成行政創作的元素、表現形式、運用手法等新想法；最後予以記錄或書寫，甚至貼成一張行政藝術作品草圖。

讓未來要執行的專案或活動，透過生活中感受到的文字或圖像，建立一個構圖輪廓在拼貼筆記中，讓我可以隨意組合運用，也使我的創意更自由、開放。所以每當董事長或同事問我，新年度專案的做法時，我腦中就會浮現拼貼中的構圖，可以初步分享我的概念與創意。這些心中篤定的原創構想，其實都來自平日的隨意拼貼。

拼貼是一種較隨性的思考方式，可以不具任何意義，只要自己感覺不錯就行。拼貼材料幾乎沒有限制，一張卡片、一張攝影作品、一頁文章……，只要讓你覺得會產生靈感、悸動、夢想、美感等具聯想意念者都可以納入，甚至自己喜歡的文字或圖片都可以。

七個拼貼創意步驟

「拼貼創意」就是將看到的圖像，與心中期待要完成的目標或理想，連結產生火花，不要太多限制，不必太多思考，多一點隨性、多一點直覺。

運用拼貼創意的方法如下：

▶收集材料：從雜誌、報紙、展覽、照片等物件中，用直覺把自己正在思考的工作主題或未來有興趣的主題，讓你受吸引或喜歡的文字或圖像，都可以剪裁或整頁收集起來。愈有視覺感或心有悸動的圖像或文字，都是很棒的材料。

▶不必設限：只要與未來想要完成的任務或目標有所連結，或具啟發靈感，都可以先行收集。將收集過程當作創意醞釀期，創意需要自由自在才能無限延伸。

▶進行分類：收集材料時，可以將材料依設定的主題、目標等，做初步的篩選分類，讓創意可以匯流至某特定主題上，產生焦點及擴大聯想，發揮渲染效應。例：另類會議、活動企劃、旅遊設計、時尚禮物、流行物件……等。

▶實體拼貼：從分類中挑出具目標需求的材料，直接拼貼在筆記本、圖畫紙或特定紙張中。一定要親自黏貼，感受實體

拼貼是一種視覺傳達，容易產生新的意象設計作品。

拼貼時的直覺反應或聯想創意，自我內化為特有組合。

▶手法多元：對於拼貼材料更逼真的實體作品，雖不一定要黏貼於筆記或特定紙張上，也可以透過拍照或掃描，轉成檔案放入特定資料夾，以利時常調閱感受。或是轉成簡報檔，重新進行設計，在內部訓練或提案時，激發新的創意做法。用紙本進行實體拼貼，容易喚起情感層面的現場感受；而多元運用，則能激發出不同的圖像思考。

▶隨意重組：拼貼創意不是一次就要完成的作業或設計，它可以因應不同想法、環境、人物等做一些調整，它是讓你先行聯想、尋找、重組或深耕的創意源頭，讓這些素材視覺性地烙印在你的創作心靈。

▶作品實現：拼貼作品是將紙張、物件和符號串聯出新模式，它是一種視覺傳達，容易產生新的意象。從拼貼組合中創造有秩序、有意義的具象作品，將它運作到實際作業中。例如：利用不同材質、形式、色彩的禮物目錄，可以拼貼出想要的年度禮物設計圖像，如再佐以平常收集到的文字剪貼或筆記摘要，就是一個很有主體性的禮品雛型。

拼貼創意是不是一種模仿別人創意的做法？我認為，只要透過組合、內化、再轉化的過程，融合自己的智慧及作為，就是一種新的創作。

無限次拼貼，再經無限次重組，觀點就有無限擴大機會。創意其實就在你的身邊，或許就是一張照片。藉由平時大量閱讀、剪貼與組合，創造獨有的拼貼作品，這些構圖絕對精彩。

行政素描

拼貼是一種隨性、自由與組合式的創作思考，會讓你愛不釋手。
—— Tom

組合創意，無盡心意。沒有設限，創意無限。—— Tom

情境思考，有感模擬

02

落實戰略藍圖

行政任務往往需要具備對尚未發生的事及未來可能發生的事，進行規劃設計的能力。透過情境思考，加上經驗體現，鋪陳出一個預期可達成目標及模擬未來的可能走向，我稱之為「情境思考訓練」。

無論專案或任務，都強調要具話題性、獨特性、創新性，如果參與人數眾多，已不僅僅是活動，簡直就像導演一齣大戲，需要運用的資源、設備、動員人力、服務細節及控管變數很多，對規劃執行者而言，預期成效也相對困難。

所以，我們必須常用「情境思考」技巧，來先行想像、布局、模擬，先行掌握設計重點，在實地操作時才能有效掌握狀況，做到最充分表現。「透過情境思考，創造有感模擬」，是我創造滿意度的常用工具，也是我的行政戰略藍圖。

情境模擬四部曲

有幾項步驟，可以確保情境想像的穩定度與準確度：

▶進行現場勘查：在情境思考及規劃前，一定要安排一次現場實地勘查，對人員配置、時間過程、資源實況、現場環境等可能素材，進行實地了解。記得與提供服務單位溝通可配合最大限度，如：設備支援度、餐飲容納量、可動員人數、動線的長度、運作經驗值等，並要求拍照、丈量長度、提供配置圖及相關數字，這些都是情境思考的基本素材。

▶取得任務程序：所有行政事務都有一定程序或主管要求設定的程序，所以主辦人員必須依照既定程序，就人、事、時、地、物，進行一次任務編排程序書，做為基本條件及主管預設立場，也是情境思考時的依據範本。例如：拿 2013 年活動流程表，依項目進行程序模擬，再依今年場地、資源與主題重點，加以增刪修，才能運用以往經驗，結合實況，運作未來。

▶自行設計構圖：將任務重點、主管要求、同仁期待、表現手法、歷年實務經驗、預期成果……等，運用「心智繪圖法」、「九宮格法」、「藝術創作思考法」等工具（後面幾篇陸續介紹），先行構思出一份設計表。重點在於是否有創新手法？是否有差異化表現？是否有設計感動點？這份設計圖就是自我展現與眾不同的草圖，並盡可能避開以往缺點，表現現有優點，預期可能風險等。

▶情境模擬思考：將上述三份資料攤開，並準備一份筆記或空白稿紙，安排清靜空間以沉靜自己，接著開始依設定程序，將實地勘查影像，交叉自我設計構圖，做融合、蘊釀、互通，綜合性自我模擬一次設計重點，讓自己走入模擬的任務時空背景中。盡可能帶出圖像、文字、動作等，專注所有流程，並逐一模擬當日執行任務的情境，可能遇到的人、事、物，未來可能發生狀況（如下雨天、颱風、新聞狀況等），如何破解人力不足、先天條件不足……。以積極想像，做為產生心靈圖像的手法，逐一進行情境模擬。

情境思考，讓我可以在任務專案執行前，幾乎已做過一次實

境演練，對現有程序、資源、空間、時間、表現手法、客製
化設計等，以及待解決問題、修正作業、預期效果等都予以
記錄，在召開行前說明會時便可特別提醒。

將這些情境思考狀況，與團隊做一次書面模擬及共同討論，
結合管理部成員的團體智慧，再融入設計規劃中。透過檢討
改善，所產生的規劃書，就是執行本次專案的重要工作藍
圖。因為已事先充分做過情境模擬思考，專案成功的機會也
相對提高很多。

情境思考加上實地執行，遇到問題就能即刻修正、跟催及事
先預防，就能更篤定執行任務，有效掌握表現重點，設計出
最佳行政作品。

行政素描

情境模擬是關於預期效應，唯有落實情境設計，才能掌握全局。
—— Tom

模擬實況才有可行性，體驗實況才有可看性。—— Tom

事前情境思考，心中運籌帷幄，掌握關鍵時刻，創造有感服務。
—— Tom

	特性	應用時機
拼貼創意法	◎具視覺及有形思考 ◎具目標性 ◎具組合、重組之創意效果 ◎強化有形的創意思考	◎運用在將平常發現的創意做有意義的收集及應用 ◎將現有創意做有效轉化、組合應用 ◎抓住靈光一現，又馬上具體可行 ◎強調「隨機拼貼，組合創意，視覺轉化，有形展現」 ◎應用：職能職涯規劃、旅遊內容設計等
情境模擬法	◎具整體情境思考 ◎化無形情境為有形作為 ◎具資源整合效益 ◎強化預防的創意思考	◎運用在專案執行前的創意可行性分析 ◎運用在管理專案變化的思考解決分析 ◎強調「情境模擬，資源整合，應變於先，落實運作」 ◎應用：年度尾牙預演、新活動發想等
心智繪圖法	◎應用層面多元、廣泛 ◎具創意聯想思維 ◎具發散性思考 ◎具視覺化或圖像化筆記 ◎強化個人技能學習	◎運用在專案構思時的創意發想，有效整合應用 ◎自我創意 ◎強調「構思擴散，創意聯想，圖像延伸，廣泛應用」 ◎應用：家族大會活動設計、簡報製作等
九宮格法	◎具主題式發想 ◎具視覺式思考 ◎具水平與垂直思考 ◎兼具擴散、聚集及系統整合作用 ◎強化系統的創意思考	◎運用在建立程序、規則的管理方法 ◎以系統方式創造管理知識 ◎強調「主題構思，有序創意，系統整合，知識發展」 ◎應用：專案會議規劃管理、貴賓來訪專案設計等
魚骨圖 分析法	◎釐清問題，找出方案 ◎以科學數據管理，逐步分析及解決問題 ◎要因分析，時間較長，需有步驟逐一進行 ◎強化改善的創意思考	◎運用在發生問題的解決手法 ◎強調「確定問題，抓出關鍵，去除瓶頸，確實解決」 ◎應用：專案改善活動、作業流程改進規劃等
色卡創意 收集法	◎具連結主題式創意 ◎較封閉式的思考 ◎具團體管理活動 ◎需準備文具及場所 ◎強化連結及團體的創意思考	◎運用在創意能量不足的時候，引導團隊共同創作 ◎有效整合創意，成為可行性做法 ◎團體共識較高 ◎強調「創意收集，收斂聚焦，歸納可行，團體共識」 ◎應用：團體提案改善、團體共識會議等

綜合思考
創意法（Ⅰ）
心智繪圖法

03

有效開發你心中的創意

行政經驗就像一個調色盤，裡頭布滿了我所創作過或曾經見過的顏色；也像一個顏料箱，可以在尋找創作素材時，不斷從裡頭取出適合的顏料，自由在畫布上揮灑。

許多構想或靈感都來自生活、工作中的體驗，這些藏在心中的素材，必須有效開發出來。如果每個人都擁有豐富材料，創作出來的作品必當豐富多元。

常常有行政人員問我，行政構思該如何有效產生？一個以前從未做過的專案，又如何有效找出創意？這是一般行政人員常碰到的窘境。我常用的手法有「心智繪圖法」、「九宮格法」及「魚骨圖分析法」。以「心智繪圖法」為底，結合「九宮格法」和「魚骨圖分析法」，融合這三項創意思考，而產生「綜合思考創意法」。

行政創作的思考重點就在於隨時「動態進化」，才能不斷激勵創意，不斷撼動人心，成為一個實際行動創作者。

心智繪圖法

「心智繪圖法」是一種放射性思考方法，也是一種視覺化、具體化的思考法。

以主題做為思考中心，並由此中心向外發散出各種發想文字，它可以與中心主題做連結，再延伸另一個連結，依此展開。這些主題連結可以視為創意發想、記憶保存、圖像整合等，也就是個人資料庫。

「心智繪圖法」可以整合左、右腦開發能力，增進記憶與資料整理能力之外，還可應用在行政管理上的創意思考、問題解決、時間管理、會議管理、專案企劃等領域，是很好用的創作工具，最後呈現的手繪圖也常常變成藝術作品。

「心智繪圖法」基本上要先決定中心主題，再針對主題所激發出的構想，持續產生枝節式的延伸，有幾個重點：

1.採中央放射性方式，延伸分支線，寫出主題的關連性想法。

2. 構圖採開放方式，沒有絕對的好壞，依自己真實及瞬間思考畫出及寫出即可。

3. 多利用圖像、插畫、照片、色彩等視覺表達，產生更強的感受力，相對的激發創意能量也更強大。也可以將自己強烈要表達的創作想法，寫在最後關鍵點上。

4. 盡可能在一張紙上完成，讓自己可以全覽整體構圖。其中分支線由粗到細，書寫由右至左，不要塗改以保持畫面乾淨，熟練後就會愈畫愈順利。

「心智繪圖法」是一種左右腦交叉運用的創意思考法，對行政工作者而言，會跳脫純理性思考的僵化，加入一些感性設計，讓行政任務更具創意。

運用心智繪圖法的基本原則：

▶中心主題：決定心智繪圖，可以用插畫、圖片來強化主題。

▶產生分枝：運用聯想，讓思考流暢，遇有相關串聯想法，也可順勢寫在不同空間。

▶關鍵字彙：寫出關鍵字，腦中自然會藉著關鍵字產生更多聯想作為。

▶活用圖像：把文字化為圖像，可以產生直接連結（如生日畫蛋糕），或剪貼圖片做拼貼，整張繪圖就像一張拼貼畫。

▶活用色彩：顏色愈豐富、愈飽滿，留在腦中的記憶愈深刻。

▶層次分類：線條要水平，文字插圖寫在線條之上。層次分明容易分類和記憶，每個主枝節、延伸次枝節最好在七到九項，太多項難免分散注意力。

▶多多練習：初期不要管畫不畫得切合文字，盡量以開放的心做放射性思考，能持續將文字畫入各枝節上就相當棒。再依熟練度逐一美化畫面。

▶整理繪圖：隨想隨畫，自由創作，在線條中產生創意，在色彩中產生印記，在圖像中產生回憶，告一段落就要將所有繪圖歸納整理，創意的寫實性就更加印象深刻。

在《藝術創作論》一書中，這麼寫道：「他們非常重視『初讀劇本』時刻，初讀直覺始終指導和控制著以後的精細分析，最後，又是初讀直覺裁定了影片的總體風格。有的導演驚訝地發現，初讀劇本時在旁邊隨手塗寫的幾句印象，待影片完成後竟能完全貼合。」心智繪圖法就有如此魔力，讓第一手創作的靈感融在其中。

「心智繪圖法」透過擴散式分析，讓創意可以不斷延伸，刺激思維並協助整合，處理行政事務時更能面面俱到。

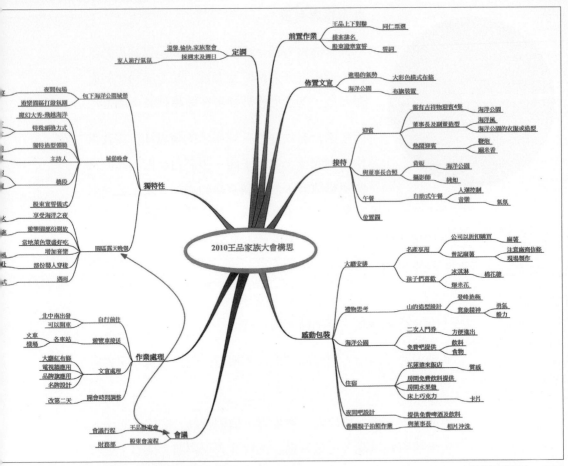

心智繪圖法範例──王品家族大會構思。

行政素描

培養藝術技能與視覺領會，視覺領會可以增加記憶力、創造力與自信心。──英國腦力權威 托尼・布贊（Tony Buzan）

每一種藝術，原則都很簡單，講究的是各種技巧。
──台北教育大學教授 徐榮崇

唯有藝術的創造最為純粹。──美學家 蘇珊・朗格

綜合思考
創意法（2）
九宮格法
魚骨圖分析法

04

九宮格思考法

「九宮格思考法」也是一種空間視覺的思考工具，運用九個方格的空間感，給予結構化的思考刺激，創意與靈感便可在連續刺激下產生。

這是適合有秩序性、程序性的構思法。在九宮格的中間填上發想主題，強制自己把周圍的八個空格填滿，而填滿空格的過程，正是發揮創意的時候。如果創意點子不斷擴散，可以將八個邊格各自再延伸另一個九宮格，從 8 個創意，生出 64 個創意。再下去，創意會以等比增加至 512 個創意，這已是相當寬廣的創意思考。

「九宮格思考法」有兩種運用方式：

▶發散式：由中心主題向四面八方擴散，也是一種水平式思考。

▶順序式：每一格代表一個步驟，依順時鐘方向填入想法，若無法有效填滿，可做為備註或特殊表現議題；如有不足時可放大格子。若在格子內再延伸創意時，就再加入一個九宮格繼續擴散思考，這是一種垂直式思考。

九宮格是運用右腦的感性視覺，來發掘、想像無限可能的創意或問題；也運用左腦的理性邏輯，來分析、推論及解決創意或問題。

運用九宮格的基本原則：

▶隨想隨寫：主題格式自由創作，想到什麼就寫什麼，讓你

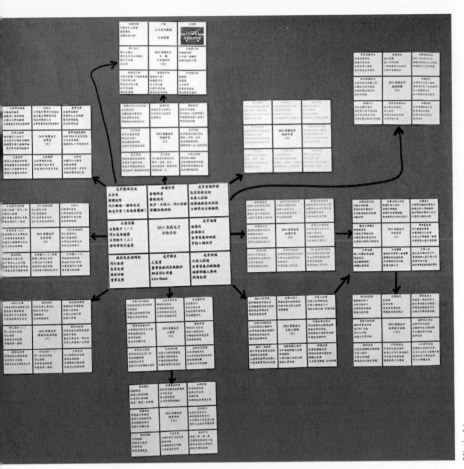

九宮格思考法範例
—— 2013 集團尾牙活動
流程。

的意識流帶領你優遊自在。

▶運用聯想：不同空格有不同的主題與思考運作，聯想力是個人創作力重要的基礎，讓自己思考流暢，遇有相關想法，也可順勢而為。透過不同空間呈現，代表你的思慮謹密、靈活、多樣。計畫趕不及變化，能隨時應變才是真功夫。

▶關鍵主題：運用聯想能力，只要寫出主題關鍵字，腦中自然會有延伸主題創意的想法產生。

▶善用 5W1H：熟練後，可加入 5W1H 分析，即 Who（人）、What（物）、Why（價值觀）、Where（空間）、When（時間）、How（如何執行）。直接將既定目標逐一透過 5W1H，填滿創意想法與有效做法，如：人（同仁、眷屬、廠商……）、物（事件、物件、資源……）、價值觀（企業文化、形象、儀式、精神……）、空間（地點、位置、環境、建築物……）、時間（特定時間、表定時間、程序時間、主客時間……）、執行方法（滿意度、媒體效益、成本、獨特性、創新手法……）。

▶填滿空格：因為空間因素，會促使你填滿格子，也間接刺激擴大思考。將跳出框框的想像，有效納入你的藏寶盒，為你所用。點子愈填愈多，空格愈來愈滿，表示工作將愈來愈順。

▶多多練習：初期可不管先後順序，填滿格子為第一要務；等到了精熟階段，自然會依主題的關鍵重點和順序性，不斷引發創意思考。此時你將是個點子王，更容易將事情看清、看透，是行政靈感運用的最佳時刻。

▶整理創意：配合主題隨想隨寫，盡量將所有想法歸納在目標格子內，格子內容愈豐富，你要撰寫的企劃案或檢核表就愈完整可行。

「九宮格思考法」是一種方便、簡易、內涵深刻的創意思考法，兼具擴散、聚焦、收斂成效，較能有系統地轉為知識管理應用。不論是設計活動、撰寫企劃案、規劃未來發展，都能夠協助想得更深入、更周延。因為是依序構思，直接就可

化為有效計畫。

魚骨圖分析法

「魚骨圖分析法」是一種特性要因分析法，常用在作業改善與品質管理上。這是由日本管理大師石川馨先生所發明的，它是一種「發現問題」、尋求「根本原因」的方法，也稱為「因果分析法」。

透過問題，延伸出解決的想法，並依大分類延伸到小分類，如還有需要，可再延伸至更細分類。經過這樣的分析與繪圖，最後呈現的形狀如魚骨，所以又叫「魚骨圖」。

常見問題的背後，總是受到一些因素所影響，透過腦力激盪，針對這些問題因素，可以與發生特性一起歸納，按照相互關連性，整理成層次分明、條理清楚，並標出重要因素的圖形，也叫「特性要因分析圖」。

「魚骨圖」基本的運作方式：

▶問題式：單就問題進行思考，各要素與特性間不存在有因果關係，再針對問題進行結構化，整理成創意的可行性。例如：「推動無紙化專案」、「抗漲專案」、「加值專案」等。

▶原因型：主題畫在右邊，就其發生的原因特性，通常以「為什麼ＸＸＸ？」為主題，來進行腦力激盪以產生解決之道。例如：為什麼同仁旅遊滿意度下降？為什麼王品家族大會流程太久？

▶對策型：主題畫在左邊，就其發生的原因特性，通常以「如何提升／降低ＸＸＸ？」為主題，來進行腦力激盪以產生解

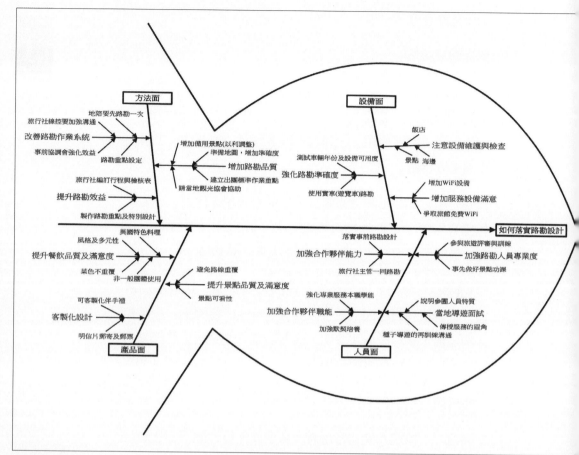

魚骨圖分析法範例──如
何落實路勘設計。

決之道。例如：如何提高集團尾牙滿意度？如何提高會議效
率？

製作魚骨圖有以下步驟：

1. 寫出問題點，畫出主箭頭，寫上原因分類（如：人員、設
   施、素材、方法、環境、文化等），分類後以中箭頭畫在主
   箭頭兩側（與主箭頭成 45 度角）。如主要因素還有次要因
   素，繼續畫小箭頭，直到可以用來直接採取行動為止。

2. 透過團體集思廣益，就問題分別在各層級類別中，找出所有可能原因及可行方向。整個過程，主持人盡可能為工作組員創造善意、平等、自由的討論環境，讓每個成員都能完全表達意見，將問題寫在主分類上。

3. 將找出的各項原因進行歸類、整理，明確其從屬關係。

4. 就分析問題中，選取重要性因素（可由大家舉手或投票產生共識）。

5. 檢查各重要因素的描述方法，確保語法簡單、意思明確，並以動詞為之。

6. 最後依問題的原因逐一唸出與大家互動，將重複語意刪除或合併，進而將所有問題及原因繪出「魚骨圖」。

「魚骨圖分析法」是一種藉由問題，集合團體力量思考解決辦法，不論是檢討活動、提升活動滿意度、降低活動成本等，都能夠明確轉換成執行計畫，取得共識。

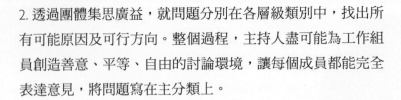

行政素描

創作來自真實的自我實作：多一點線條、多一點色彩、多一點想像、多一點聯想、多一點邏輯，再多一點美感，就是一幅你的原創作品。
── Tom

只要想得出來，就能做得出來。── Tom

細心來自我們可以看得很細，做得很細，但不會管得很細。── Tom

工作的樂趣在於每次改變一點點，有熟悉的做法，也有新奇的方法，在重重例行事務中發現一方小品！── Tom

色卡創意收集法

05

《靈彩之旅》（Life, Paint and Passion）作者蜜雪兒‧凱梭（Michell Cassou）曾提到：「我體悟到，創作交織著生命的律動，需要全神投入，時時聆聽內心的聲音，並且透過色彩與形狀來回應瞬間的感受。」

我很認同她的想法，誰說創意一定要絞盡腦汁而為？也可以透過不同的腦力激盪，來收集、導引及產生共識創意。

繪畫有豐富性、多層次及立體感，對於色彩所表現出的手法，似乎是文字所無法達成的。所以，運用「色卡顏色」加「堆疊技術」，將可產生「可行性創意」，我們稱之為「色卡創意收集法」。

「色卡創意收集法」的做法

針對主題或特定問題，先收集每個人對這問題的解決意見，以簡單短句寫成卡片。接著依照卡片上文字的描述，將相近的意見卡片歸在同一個群組。每個小群組再以簡潔文字描述主題，做為首張卡片，再依描述內容的相近性，歸成中群組。然後再一次依上述做法，歸成大群組。最後，這四到五個大群組的共同主題，由眾人閱覽，取得共識，找出先後順序，做為解決問題的創意發想及可行性評估。

做法如下：

▶ 使用材料：海報紙全開（或半開）1～2張，色卡40～70張，找出四種顏色以上色卡（常用的有白色、淡藍色、粉紅色、黃色），以及黑色、紅色、藍色三種原子筆，還有

橡皮筋數條。

▶決定主題：就團隊任務、主管要解決問題、改善議題等，需要花時間讓一群人共同參與討論，促進相互了解並共同尋求解決之道。例如：如何提高旅遊滿意度、如何辦三鐵活動更安全、如何讓集團尾牙更熱鬧、如何改善聯合月會等。

▶腦力激盪：主題選定後，要求團隊到現場一起討論。設定一位主持人，由主持人引導團隊每一個人分享及提供創意，並聽取意見、收集資料。意見不必具名，避免本位主義，但以每人「寫一卡」為最佳。

▶製作色卡：藉由腦力激盪或面談收集資料，每個人將真實現況以「一件事一張卡片」方式寫出文字。文字要簡單明瞭，避免抽象性表述，以短句方式填入色卡上，行數盡量不超過兩行。（可自由設定一種顏色填寫。）

▶分組成類：全數卡片寫完後，隨機排置在自己面前，由主持人或指定人唸出文字，並藉由唸出文字的共同性或相近性，歸為同群組（約2～3張）。不易分類的卡片留下成為「單卡」群組。

▶依類定標：將分組卡片的共同意思，以簡潔短句表達，寫在另一張不同顏色的卡片上，將這張卡片放在這組的最上面，做為標籤，用橡皮筋綑綁為「一小群」。再依各「小群組」，唸出文字有共同性或相近性者，再予以分組成類，進行「中群組」。再依各「中群組」，唸出文字有共同性或相近性者，再予以分組成類，編成「大群組」。剩下無法歸組者成為「單卡」，一樣自成一群組。

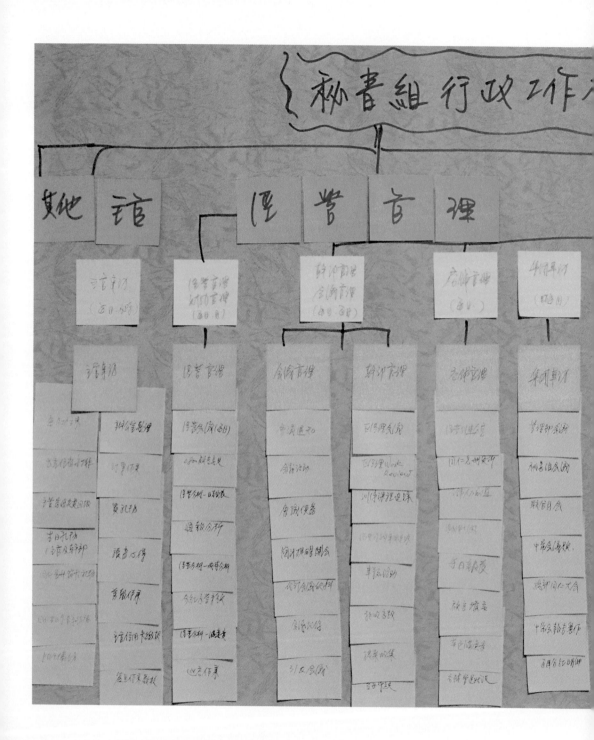

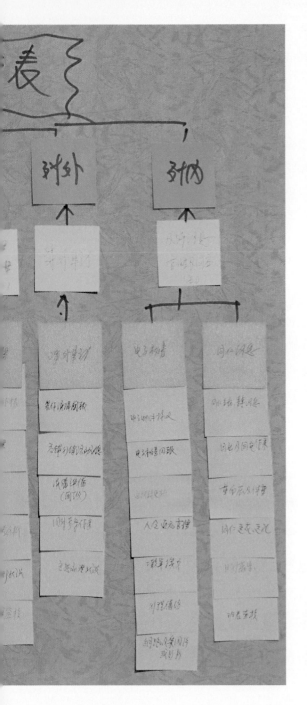

▶編製圖表：將「大群組」色卡，依卡片文字的相關性，將各群靠近或遠離，大略編排寫入大海報上，試著把全部色卡的內容連成一段有意義的文字，這些文字就是創意或問題提案。逐次由大群組、中群組到小群組展開卡片，並考慮其鄰近關係，不要全數同時展開，而是逐段逐段向下展開。充分考慮相互關係及適當配合位置，「單卡」旁也要留空間，方便追加記錄群組間的新構想。

▶可行性分析：依照圖表，將各大中小群組的卡片內容，以口述文章，讓團隊成員有所了解，文字略經修飾更好。當圖表上編出相互順序關係時，就各小群組和單卡的重要性共同評價，最重要五分、次

重要四分，依此類推。若卡片群數較多時，可將最高分提高至十分來評選。讓每一個群組的可行性有所依據，並取得大家的共識。

▶實質創意：主持人要能有效掌控成員集思廣益的文字，連接時產生創意構想，最後編出一份針對主題的創意及提案，並依可行性大小排序。此時會發現，透過大家集體構思的創意，已是一個具可行性、且有文字記錄的實質方案。再加上實際負責人、協同合作人、預計完成日、預算金額及備註後，就是一份完整可執行的計畫，由於具有團體共識，實行力很強。

「色卡創意收集法」的用法

▶化主觀為客觀：工作中常因個人經驗及知識，對一些主題提出「主觀」或「成見」，往往造成工作思考上的阻礙。為了讓創意有所突破，並產生有效創見，可運用此法，讓所有人得以盡情表述。

▶化被動為主動：透過不同職層、不同性質的人的組合，設定主題進行腦力激盪，提出個人意見、經驗和構想，透過色卡群組，取得共同見解。對於較被動的組織機能，可由此取得主動權。成員透過色卡暢所欲言，創意就能爆發式產生。

▶化未知為已知：對於還未執行、沒有經驗等模糊未知的任務，經過此抽絲剝繭方式，可將模糊的真相顯現出來。

▶化個人為團體：就未知或已知的現況進行資料收集，透過互相交流所得的他人意見，並就自己的經驗和知識，共同深入體會，產生團體創意。

▶化認知為認同：個人色卡意見呈現個別認知，透過大家對創意的接納態度，集合所有人的卡片做書面腦力激盪，再將資料歸納成共同認知。這就是由認知化為認同的方法。創意經過認同，執行力也就事半功倍。

▶化資料為創意：也可從既有的論著中，詳讀並將其內容卡片化，經分解、組合，構成自己獨特的見解。

「色卡創意收集法」的應用

1. 研擬公司或單位要解決滿意度、產品品質、管理問題或改善提案的發想與創意，可以有效收集及建立團體共識。

2. 對於研擬新事業、新產品、新技術（新服務改善、新工具應用等）的品質改善及應用技巧，借重不同團隊力量。

3. 對於單位間問題解決，或事業處間合作計畫，可以取得共同認知，做為推行專案或任務的基礎。

4. 對於重大或突破性專案、跨部門改善活動的方案管理等，都具有團體合作、共同突破的實質效益。

5. 結合資深同仁，進行創意性專案之行政改善，貢獻他們的智慧，更具有優異效果。

行政素描

藉由一張張色卡的撰寫與排列，讓大家全心投入及探索創意，美妙的藝術品就此產生。—— Tom

透過集體意見，創意更廣泛，執行更落實，效果更有效。—— Tom

結語 行政之師，教我什麼？

進入王品工作滿二十年之際，回顧創業初期只有 5 家店，到現在海峽兩岸將超過 400 家店，同時已是上市公司，躋身台灣餐飲業領導品牌，更是社會各界矚目的企業。這二十年間，台灣餐飲業從不被重視，到現在蓬勃發展，成為服務業熱門話題，我與公司一路創業奮鬥，一路堅持「把平凡的事，做到不平凡」，心中感觸良多。

由中華徵信 2012 年調查「台灣十大幸福企業」中，王品得到第二名。《Cheers》雜誌針對「新世代最嚮往企業」調查，2012 年王品首度拿下第一名，2013、2014 年更三度蟬聯寶座。2013 年經濟部發表「台灣創新企業」調查結果，王品第一次奪得冠軍，經濟部官員指出，王品無論在「有價值創新」與「消費者認同」上，表現均超過水準。

王品不斷被票選為幸福企業，主要關鍵就在於同仁福利完善，可以毫無後顧之憂地在職場上奮鬥，但王品同仁被高標準要求的項目不僅是工作表現，還有親情、健康、運動、休閒娛樂。為了鼓勵同仁在生活上能平衡發展，勇於挑戰與超越自我，管理部負責推動「同仁圓夢計畫」，必修課程有「王品新鐵人」（登玉山、鐵騎貫寶島、泳渡日月潭或半程馬拉松）、挑戰「百岳」、「百國」、「百店」的三百計畫、進階版的登聖母峰基地營（EBC），讓同仁一起以修「社會學分」方式，走訪世界各國，增廣視野與挑戰潛能。

王品還有各種讓同仁與同仁、同仁與家人、公司與家人間交

心交流的活動，目的是為了達成企業文化的共識，讓同仁願意全心為公司奉獻。擁有快樂同仁，才能創造顧客滿意服務；同仁服務顧客，當然就由行政部門來服務同仁，要讓這些服務業菁英獲得滿意的服務，行政工作難度就相對很高。

行政工作要能做到不一樣，創造價值感，更要能獲得同仁肯定與滿意，當每次活動還沒開始，就有同仁迫不急待想參加，那就代表行政活動已經成功了。

這些年，我在行政這位導師身上，學到許多人情世故，心中頗有漣漪蕩漾，願與大家分享：

行政教我做事，當大家都百般不願意，就是要跳出來做事的時刻！

行政教我好奇，做事一定要充滿好奇心，好奇心是創作的動力！

行政教我高度，不一定要鶴立雞群，但一定要高瞻遠矚！

行政教我體驗，人生是用來體驗，不是用來檢驗。體驗才能激發生命力！

行政教我突破，有些事情現在不做，以後就永遠不會去做，這是自我突破機會！

行政教我淡定，做好是應該的，要淡淡堅定做好本分工作！

行政教我故事，創作屬於自己的故事，遠比豐功偉業的履歷表更為重要！

行政教我盡力，事情沒有絕對完美，但要做到盡善盡美！

行政教我發掘，把抱怨時間，用來發掘天賦已綽綽有餘！

行政教我堅持，讓我知道只要自己堅持不放棄，永遠都有機會！

行政教我喜歡，行政做得再好，也無法滿足所有人，但要做到自己喜歡！

行政教我跨界，跨領域學習，會有不同視野與格局，挑戰不同領域就是學習！

行政教我轉彎，窮則變，變則通，轉個彎也會達陣！

行政教我認分，要認分不要認命，認分是有擔當，認命就一無是處！

行政教我挑戰，每年都去做一件不同凡響的事，挑戰是潛能開發的動力！

行政教我創作，別人創業，我創作；別人有產品，我有作品，何來工作之苦？

行政教我繪畫，工作像調色盤，端看如何調配顏色，繪畫出自己的作品！

行政教我任事，做事不分大小事，唯有做到有價值，小事也會變大事！

行政教我做大，把自己優點做到最大，缺點沒法改變只好降到最小！

行政教我熟練，要能精通熟練，只有不斷練習！即使要練習一千次以上都無妨！

行政教我珍惜，珍惜工作過程中的付出，才會珍惜有這份工作真好！

行政教我生存，拚專業、練膽識、博滿意，可以鞠躬盡瘁，但不必死而後已！

行政教我高度，不一定要
鶴立雞群，但一定要高瞻
遠矚！

行政教我功勞，讓我了解沒功勞，苦勞是無奈，只有功勞才讓苦勞
變得有意義！

行政教我口碑，行政不是放煙火，眼花撩亂，口碑才是唯一的生存
之道！

行政教我彈性，做事要有人性，做人要有彈性！

行政教我領導，別人不願意做，不僅率先做還要認真做，領導無他，
榜樣而已！

行政教我柔軟，意志要堅定，身段要柔軟；規定要堅定，手法要柔
軟。

行政教我生命，生命來自對生活與工作的深刻體悟，行政不就是工
作的生命藝術？

行政教我抬轎，坐轎也要有人抬轎，抬轎不只要有體力，也要智力！

行政教我變化，應變、不變、改變；應變是隨機，不變是穩定，改變是創新。

行政教我從容，從容不迫才有創作空間，游刃有餘來自對工作的投入與專注！

行政教我膽識，不怕困難，困難就不存在！

行政教我熱身，行政偶爾也要量力而為，熱熱身體就好，不要硬做傷到自己！

行政教我捨得，做事要有無欲則剛的心胸，因為無所求，才能發揮最大效益！

行政教我款待，面笑、嘴甜、腰軟、手腳快、目色利、又能吃苦，就是真情款待！

行政教我出招，行政要以攻為守，全力一搏，出招永遠比接招還重要！

行政教我閉嘴，行政是做出來的，不是說出來的，少說話多做事！

行政教我呼吸，不僅要忍氣吞聲，也要揚眉吐氣！

行政教我解答，去創造答案，永遠比找標準答案有趣生動！

行政教我修練，服務眾人之事讓我深刻體會，身在行政也是最好修練之所！

行政教我混搭，這個時代是多元文化，理性與感性、科學與藝術的混搭時代！

行政教我解構，必須透過解構、組合、建構及重構，才能創造新形式價值！

行政教我看見，唯有透過公開展現，才能將實力逼出來，讓努力被大家看見！

行政教我敢秀，行政手法日新月異，花招百出，隨時要搭好舞台，上台去秀吧！

行政教我敢愛，工作有挫折，也有成就，但隨時要把動人的情感奔放出來！

行政教我相挺，團隊能力來自互相支援、合作、協調與士氣，重要的是義氣相挺！

行政教我綜效，不要只注重短期效益呈現，還要看最後綜合效益！

行政教我感動，行政不只是作品，還要做到令人感動，感動建立在人的內心深處！

行政教我傳遞，人與人之間接觸的是溫度，藉由雙手，將服務溫度傳遞到每個人手中！

行政教我形式，吃喝玩樂是能帶給最多人幸福和快樂的形式，行政就是這樣創作！

行政教我認真，做事要頂真，「你認真，別人就當真」！

行政教我熬湯，行政是一種慢工出細活的手藝，從慢慢煎熬中，產生醇厚甜味！

行政教我實做，做中學是最大體認，不用太多言語，只要親身經歷就是真實成長！

行政教我豁達，透過修練自我意志過程，打破自我設限習慣，提升信心，也打開心胸，迎接改變，自由自在，這就是豁達！

國家圖書館出版品預行編目資料

把平凡的事，做到不平凡：王品的行政藝術／黃國忠著．
-- 初版 .-- 臺北市：遠流，2015.04
　面；　　公分 .--（實戰智慧叢書：H1439）
ISBN 978-957-32-7504-6（平裝）
1. 王品集團 2. 企業經營 3. 行政管理
494.1　　　　　　　　　　　　　　　103018615

實戰智慧叢書 H1439

把平凡的事，做到不平凡

王品的行政藝術

作者：黃國忠
照片提供：王品集團
出版四部總編輯暨總監：曾文娟
資深主編：鄭祥琳
特約編輯：陳啟民
企劃：王紀友
美術設計：雅堂設計工作室

策劃：李仁芳
發行人：王榮文
出版・發行：遠流出版事業股份有限公司
地址：台北市南昌路二段 81 號 6 樓
電話：（02）2392-6899　傳真：（02）2392-6658
郵撥：0189456-1

著作權顧問：蕭雄淋律師
法律顧問：董安丹律師
2015 年 4 月 2 日　初版一刷
行政院新聞局局版臺業字第 1295 號
售價：新台幣 360 元（缺頁或破損的書，請寄回更換）
有著作權・侵害必究 Printed in Taiwan
ISBN　978-957-32-7504-6
yl／b─遠流博識網　http://www.ylib.com
E-mail:ylib@ylib.com